Birgit Dickemann-Weber

Prüfung für Personalfachkaufleute (IHK)

Handlungsbereich 3

PERSONALPLANUNG, -MARKETING UND CONTROLLING GESTALTEN UND UMSETZEN

DICKEMANN-WEBER
VERLAG

Bibliografische Information der Deutschen Nationalbibliothek:

Die Deutsche Nationalbibliothek verzeichnet diese Publikation in der Deutschen Nationalbibliografie. Detaillierte bibliografische Daten sind im Internet über http://dnb.d-nb.de abrufbar.

Der Text enthält in der Regel Gruppenbezeichnungen, Berufsbezeichnungen etc. nur in der männlichen Form. Dies dient der sprachlichen Vereinfachung, um sperrige Doppelformulierungen wie Personalfachkaufmann/Personalfachkauffrau zu vermeiden und so den Text lesbarer zu gestalten. Selbstverständlich werden Personalfachkauffrauen in unserem Buch völlig gleichberechtigt angesprochen.

Keine Publikation ist perfekt und fehlerfrei. Anregungen, konstruktive Kritik und sonstige Verbesserungsvorschläge unserer Leser sind daher willkommen und werden gerne aufgenommen. Kontaktieren Sie uns bei Bedarf unter der unten genannten E-Mailadresse.

© Dickemann-Weber GmbH & Co. KG, Erlenbach bei Kandel

4. Auflage 2020

ISBN 978-3-943772-15-9

Autor: Birgit Dickemann-Weber

Satz: Dickemann-Weber GmbH & Co. KG

Foto Umschlag: Flowing Chart ©123render - iStockPhoto

Webseite: http://dickemann-weber.com

E-Mail: info@dickemann-weber.com

Vorwort zur 4. Auflage

Vielen Dank, dass Sie sich für mein Lehrbuch „Prüfung Personalfachkaufleute (IHK) - Handlungsbereich 3 - Personalplanung, -marketing und -controlling gestalten und umsetzen" entschieden haben.

Die 4. Auflage enthält einige Überarbeitungen sowie Verschönerungen. Schon in der zweiten Auflage wurde die „Strukturierung der schriftlichen Prüfung" in das Lehrbuch aufgenommen, mit der Sie bei jedem Kapitel sofort erkennen können, in welchem Umfang das Thema in der schriftlichen Prüfung abgefragt wird.

Wir vom Verlag Dickemann-Weber haben noch eine Vielzahl weiterer Lehrmittel veröffentlicht, die Sie während Ihrer Weiterbildung, aber auch danach, bestens unterstützen. Neben Lehrbüchern, Frage-Antwort-Karten und Lernkarten für die Prüfung zum Personalfachkaufmann/-frau sind bei uns auch Lehrmittel für Industriemeister, Fachwirte, Ausbildung der Ausbilder und andere Weiterbildungskurse der IHK erschienen.

Ich wünsche allen Leserinnen und Lesern viel Freude beim Lernen und eine erfolgreiche Prüfung.

Birgit Dickemann-Weber

Erlenbach b. Kandel, Juni 2020

Aus dem Vorwort der 1. Auflage (2013)

Die Weiterbildung für den IHK-Abschluss „Geprüfte Personalfachkauffrau (IHK)/ Geprüfter Personalfachkaufmann (IHK)" ist äußerst umfangreich und anspruchsvoll, da viele betriebliche Abläufe eng mit den Tätigkeiten in der Personalabteilung verzahnt sind.

Meine über zehnjährige Erfahrung als Dozentin und Prüferin bei verschiedenen IHKs hat mir gezeigt, dass sich viele angehende Personalfachkaufleute schwer tun, den sehr komplexen Stoff in seiner Gesamtheit zu erlernen. Dieses Buch trägt dem Rechnung und wurde von mir so aufgebaut, dass es den Prozess des Lernens und Verstehens bestmöglich unterstützt.

Dieses Lehrbuch stellt in erster Linie den Stoff dar, der für das erfolgreiche Ablegen der Prüfung nötig ist. Durch zahlreiche Fragen und Antworten, Definitionen und Beispiele werden Sie beim Durcharbeiten des Buches auf mögliche Fragestellungen in der Prüfung vorbereitet. Sie fokussieren sich so auf die prüfungsrelevanten Informationen, behalten dabei den Überblick über den Lernstoff und können sich effizient auf die Prüfung vorbereiten.

Die Bücher für die drei weiteren Handlungsbereiche sowie die zugehörigen Lernkarten und Frage-Antwort-Karten sind ebenfalls im Verlag Dickemann-Weber erhältlich.

Autor

Birgit Dickemann-Weber studierte zunächst Sozialpädagogik mit Abschluss zur Diplom-Sozialpädagogin (BA) und absolvierte danach erfolgreich an der Universität Mainz das Studium der Rechtswissenschaften mit anschließender Referendarausbildung beim Landgericht in Karlsruhe. In der Folge sammelte sie als Personalreferentin bei einem börsennotierten Unternehmen umfangreiche Erfahrungen im Personalmanagement. Qualifizierungen zur Personalentwicklerin und zur gepr. Wirtschaftsmediatorin (BA) runden ihr Profil ab.

Seit 2002 ist sie als freiberufliche Referentin und Trainerin in verschiedenen Bildungszentren der IHK insbesondere in den Bereichen Recht, Personalführung und Ausbildung der Ausbilder tätig und berät Unternehmen, sowie Fach- und Führungskräfte in allen Fragen des Personalmanagements. Sie ist zudem Prüferin bei der Industrie- und Handelskammer Karlsruhe.

Als Fachbuchautorin schrieb und veröffentlichte sie mehr als 30 Titel u.a. für Personalfachkaufleute, Industriemeister, Fachwirte.

Verlag

Der Verlag Dickemann-Weber wurde 2008 von Birgit Dickemann-Weber und Dirk Weber gegründet. Was als kleines Projekt zur Verbesserung der Weiterbildungsliteratur für IHK-Prüfungen begann, hat sich zwischenzeitlich zu einer echten Erfolgsgeschichte entwickelt. Der Verlag hat es sich zur Aufgabe gemacht, Fachliteratur zu veröffentlichen, die modern gestaltet und leicht verständlich ist. Besonders die konsequente Ausrichtung auf das Bestehen der Prüfungen steht im Fokus.

Der Verlag beschäftigt eine Reihe von hochmotivierten Mitarbeitern und arbeitet mit einer Vielzahl von Autoren zusammen. Das Unternehmen hat seinen Sitz in Erlenbach bei Kandel.

Hinweise zum Buch

Für wen ist es gedacht?

Als angehende Geprüfte Personalfachkaufleute werden Sie später in Ihrem Unternehmen verantwortliche Tätigkeiten und Funktionen in der Personalwirtschaft, Personalberatung oder Personal- und Organisationsentwicklung wahrnehmen. Sie müssen vielfältige Aufgaben sowohl im operativen als auch administrativen Bereich beherrschen und werden auch gestalterisch die Personalpolitik beeinflussen.

Dieses Buch wendet sich an die Weiterbildungsteilnehmer, die ihren IHK-Abschluss erfolgreich ablegen möchten. Die Inhalte des Handlungsbereichs 3 werden kompakt und leicht verständlich vermittelt. Es eignet sich als unterrichtsbegleitendes Lehrbuch für die IHK-Weiterbildung sowie als umfassende Hilfe zur Prüfungsvorbereitung. Mit seinen vielen Fragen und Antworten unterstützt es auch Lerngruppen und die Vor- und Nachbereitung des Unterrichts.

Inhalt und Aktualität

Die Gliederung und die Inhalte des Buches sind auf den aktuellen Rahmenplan der DIHK und auf die Rechtsverordnung über die Prüfung Geprüfte Personalfachkauffrau (IHK)/ Geprüfter Personalfachkaufmann (IHK) abgestimmt.

Dieses Buch ist aktuell auf dem Prüfungsstand für das Jahr der Auflage und für die Frühjahrsprüfung des Folgejahres, sofern es innerhalb des Jahres der Auflage keine prüfungsrelevanten Gesetzesänderungen gibt. Unterjährige prüfungsrelevante Gesetzesänderungen sind die Ausnahme. Wir sind bemüht in diesen Ausnahmefällen die entsprechenden Änderungen auf unserer Webseite zu veröffentlichen.

Da die Weiterbildung für Geprüfte Personalfachkaufleute oft bis zu zwei Jahre dauert, veröffentlichen wir, wenn es Änderungen gibt, Aktualisierungen zu diesem Buch, damit Sie bis zu Ihrer Abschlussprüfung immer aktuelle Literatur in Händen haben. Weitere Informationen dazu erhalten Sie auf unserer Webseite www.dickemann-weber.com.

Weitere Unterstützung für Ihre Prüfung

Das Kapitel „**Strukturierung der schriftlichen Prüfung**" stellt in übersichtlicher Weise dar, welche Prüfungsthemen mit welcher Gewichtung bei den schriftlichen Fortbildungsprüfungen der IHK geprüft werden. Dies gibt Ihnen einen wertvollen Hinweis, welche Lernthemen besonders wichtig sind und auf welche Sie besonderes Augenmerk legen sollten.

Zur Lernkontrolle und kompakten Vorbereitung auf die Prüfung haben wir neben diesem Lehrbuch auch umfangreiche Frage-Antwort-Lernkarten im Programm. Diese und weitere Produkte finden Sie ebenfalls auf www.dickemann-weber.com.

Strukturierung der schriftlichen Prüfung

Die DIHK-Bildungs-GmbH hat ab der Frühjahrsprüfung 2012 die „Strukturierung der schriftlichen Prüfung" verbindlich eingeführt und veröffentlicht, um vorab mehr Transparenz zu schaffen und eine klare Orientierung zu geben.

Mit der Strukturierung werden die Themenschwerpunkte der schriftlichen Prüfungen und ihre prozentuale Verteilung den Teilnehmern, Bildungsträgern und Prüfern bekannt gemacht. Die Vergleichbarkeit von Prüfungen soll damit garantiert werden.

Weitere Unterstützung für Ihre Prüfung

Mit den Angaben zur „Strukturierung der schriftlichen Prüfung" erhalten Sie in diesem Lehrbuch weitere hilfreiche Informationen für die Prüfungsvorbereitung. Auf diese Weise können Sie sich exakt an den Prüfungsanforderungen orientieren und entsprechend differenziert lernen.

Folgende Angaben können der Strukturierung entnommen werden:

- Angabe, welche Gliederungspunkte aus dem Rahmenplan im jeweiligen schriftlichen Prüfungsfach prüfungsrelevant sind.
- Angabe, welche Themen aus dem Rahmenplan im jeweiligen schriftlichen Prüfungsfach prüfungsrelevant sind.
- Angabe, wie viele Punkte für die Prüfungsaufgabe(n) in dem genannten Prüfungsthema vergeben werden.

Es handelt sich bei den Angaben der „Strukturierung" um Richtwerte. In einzelnen Fällen kann davon in geringem Umfang abgewichen werden. Die Strukturierung gilt nur für die bundeseinheitlichen schriftlichen Prüfungen und nicht bei den mündlichen Prüfungen. Themen einer mündlichen Prüfung können weiterhin alle aufgeführten Inhalte eines Prüfungsfaches gemäß Rahmenplan sein.

Diese Strukturierung gilt seit der Frühjahrsprüfung 2012. Änderungen an der Strukturierung können auf der Homepage der DIHK-Bildungs-GmbH unter dem Stichwort „Strukturierung" eingesehen werden.

Strukturierung des Handlungsbereichs 3:
Personalplanung, -marketing und -controlling gestalten und umsetzen

In der folgenden Tabelle ist die Strukturierung für die schriftliche Prüfung „Personalplanung, -marketing und -controlling gestalten und umsetzen" aufgeführt.

Hinweis:

Im Rahmenplan für Personalfachkaufleute finden Sie diese Prüfung im Teil 3, daher ist in der Tabelle vor den Kapitelnummern auch der Teil 3 aufgeführt. Im Buch haben wir der Einfachheit halber auf diese Angabe verzichtet.

Handlungsbereich 3: Personalplanung, -marketing und -controlling gestalten und umsetzen

Rahmenplan	Thema	Punkte ca.
3.1	Konjunktur- und Beschäftigungspolitik bei der Personalplanung und beim Personalmarketing berücksichtigen	10
3.2	Personalwirtschaftliche Ziele aus der strategischen Unternehmensplanung ableiten	10
3.3	Beschäftigungsstrukturen und Personalbedarfe für Produktions- und Dienstleistungsprozesse analysieren und ermitteln	30
3.4	Personalbedarfs- und Entwicklungsplanung durchführen	30
3.5	Personalcontrolling gestalten und umsetzen	20

= **100**

Beispiel:

In der schriftlichen Prüfung werden also je 30 % der zu vergebenden Punkte in den Themen 3.3 und 3.4 geprüft. Entsprechend sollten Sie also auf diese Themen Ihren Schwerpunkt legen.

Hinweis:

Die Strukturierung finden Sie zusätzlich auch noch auf jeder Kapitelseite, mit der jedes der oben genannten Themen beginnt.

Inhalt

1 **Konjunktur– und Beschäftigungspolitik bei der Personalplanung und beim Personalmarketing berücksichtigen** **13**

1.1	**Konjunktur und Beschäftigung**	**15**
1.1.1	Konjunkturphasen	16
1.1.2	Bestimmungsfaktoren der Beschäftigung	22
1.1.2.1	Konjunkturverläufe und Auswirkungen auf die Beschäftigung	22
1.1.2.2	Ziele der Konjunkturpolitik	23
1.1.2.3	Träger der Konjunkturpolitik	31
1.1.3	Beschäftigungspolitik	37

1.2 **Einfluss von Konjunktur und Beschäftigung auf die Personalplanung und das Personalmarketing** **42**

1.3	**Personalplanung**	**43**
1.3.1	Arten/Teilbereiche der Personalplanung	44
1.3.2	Ziele der Personalplanung	47
1.3.3	Instrumente der Personalplanung	52

1.4	**Personalmarketing**	**55**
1.4.1	Ziele des Personalmarketings	57
1.4.2	Instrumente des Personalmarketings	59
1.4.3	Aufgaben des Personalmarketings	61
1.4.4	Internationale Aspekte des Personalmarketings	62

2 **Personalwirtschaftliche Ziele aus der strategischen Unternehmensplanung ableiten** **65**

2.1	**Strategische Unternehmensplanung**	**66**
2.1.1	Ziele der strategischen Unternehmensplanung	67
2.1.2	Instrumente der strategischen Unternehmensplanung	67

2.2 **Einfluss der strategischen Unternehmensplanung auf personalwirtschaftliche Ziele** **73**

2.3 **Personalwirtschaftliche Ziele** **78**

3 Beschäftigungsstrukturen und Personalbedarfe für Produktions- und Dienstleistungsprozesse analysieren und ermitteln   **83**

3.1	**Die menschliche Arbeitsleistung im Unternehmen**	**84**
3.1.1	Arten der Arbeit	84
3.1.2	Bestimmungsfaktoren der Arbeitsleistung	85
3.2	**Instrumente der Personalbedarfsbestimmung**	**89**
3.2.1	Qualitativ	89
3.2.2	Quantitativ	95
3.2.3	Räumlich	96
3.2.4	Temporär	98

4 Personalbedarfs- und Entwicklungsplanung durchführen   **99**

4.1	**Methoden der Personalbedarfsberechnung**	**100**
4.1.1	Vergangenheitsorientierte Methoden der Personalbedarfsberechnung	100
4.1.2	Schätzmethoden	103
4.1.3	Arbeitswissenschaftliche Methoden und Berechnungsformeln	105
4.2	**Methoden zur Ermittlung des Personalbestandes**	**109**
4.3	**Profile durch Arbeits(platz)bewertung**	**114**
4.3.1	Fähigkeitsprofil durch Personalbeurteilung	114
4.3.2	Eignungsprofil	117
4.4	**Maßnahmen zur Anpassung des Personalbedarfs**	**120**
4.5	**Ziele, Inhalte und Notwendigkeit der Personalentwicklungsplanung**	**126**
4.5.1	Zusammenhang zwischen Personalbedarfs- und Entwicklungsplanung	130
4.5.2	Karriere- und Laufbahnplanung als Element der Personalentwicklungsplanung	131

5 Personalcontrolling gestalten und umsetzen   **137**

5.1	**Ziele des Personalcontrollings**	**138**
5.1.1	Grundlagen für Entscheidungen	141
5.1.2	Chancen und Risiken des Personalcontrollings	142
5.2	**Aufgaben des Personalcontrollings**	**144**
5.2.1	Zielcontrolling	145

5.2.2	Planungscontrolling	146
5.2.3	Aktivitätscontrolling	147
5.2.4	Erfolgscontrolling	148
5.3	**Das Personalinformationssystem als Hilfsmittel**	**149**
5.3.1	Personalkennzahlen	151
5.4	**Elemente des Personalcontrollings**	**161**
5.4.1	Zustandsanalysen	162
5.4.2	Nutzenanalysen	164
5.4.3	Vorgangsanalysen	165
5.4.3.1	Benchmarking	165
5.4.3.2	Balanced Scorecard	171

Anhang   **173**

Literaturhinweise   **174**

Abkürzungsverzeichnis   **176**

Stichwortverzeichnis   **177**

1

Konjunktur– und Beschäftigungspolitik bei der Personalplanung und beim Personalmarketing berücksichtigen

1.1 Konjunktur und Beschäftigung

DEFINITION KONJUNKTUR

Unter Konjunktur versteht man die wirtschaftliche Entwicklung eines Landes, also das **Auf und Ab der Wirtschaft.**

Die Wirtschaft steht nie still, da Nachfrage, Angebot, Preise, Einkommen, Importe und Exporte steigen und fallen.

Die Wirtschaft wächst, wenn die reale Wirtschaftsleistung von einer zur nächsten Periode gestiegen ist (→ **quantitatives Wachstum**).

Bei Verbesserung der Lebensqualität, wie z.B. Arbeits- und Umweltbedingungen, liegt **qualitatives Wachstum** vor.

Hinweis:

Die gesamtwirtschaftliche Entwicklung eines Landes hat auch einen entscheidenden Einfluss auf den Arbeitsmarkt und ist daher in alle Planungen und Entscheidungen des Unternehmens miteinzubeziehen.

Was versteht man unter dem Bruttoinlandsprodukt BIP? **?**

DEFINITION BRUTTOINLANDSPRODUKT BIP

Das Bruttoinlandsprodukt bezeichnet den **Gesamtwert aller** innerhalb eines Jahres in einem Land **produzierten Güter und Dienstleistungen** abzüglich Abschreibungen.

Hinweis:

Das Bruttoinlandsprodukt BIP ist die **wichtigste Bezugsgröße zur Ermittlung der Wirtschaftskraft/-leistung** einer Volkswirtschaft.

→ Die Wirtschaftskraft wird also mit der Größe des BIP gemessen.

1.1.1 Konjunkturphasen

 Warum gibt es Konjunkturschwankungen?

Durch das Auf und Ab der Wirtschaft ergeben sich unvermeidbar Schwankungen, denn Nachfrage, Angebot, Preise, Einkommen, Importe und Exporte steigen und fallen. **Die Wirtschaft steht nie still.**

Als Auslöser von Konjunkturschwankungen spielen Unternehmen, das Verhalten der Haushalte sowie der Staat eine Rolle. Z.B. ist der Staat als Wirtschaftssubjekt mit finanz– und geldpolitischen Maßnahmen involviert. Auch Faktoren, die nicht unmittelbar mit der Wirtschaft zu tun haben, z.B. Kriege, Umweltkatastrophen, Erfindungen, neue Rohstoffquellen etc. tragen dazu bei, dass die Konjunktur schwankt.

 Welche Arten von Konjunkturschwankungen werden unterschieden?

Es gibt verschiedene Arten von Konjunkturschwankungen/Wirtschaftsschwankungen, die nach ihrer Dauer unterschieden werden:

Saisonale Schwankungen	Saisonale Schwankungen sind **jahreszeitlich bedingte** Nachfrageveränderungen, die vorhersehbar sind und keinen großen Einfluss auf die Volkswirtschaft haben. Beispiel: Baubranche im Winter
Konjunkturelle Schwankungen	Konjunkturelle Schwankungen sind **mittelfristig, periodisch wiederkehrend,** nicht vorhersehbar und betreffen die gesamte Wirtschaft.
Strukturelle Schwankungen	Strukturelle Schwankungen sind **langfristig**, sowie bedingt durch technische Innovationen und/oder durch tiefgreifende Nachfrageveränderungen.

 Welche Konjunkturphasen werden unterschieden?

Durch das Auf und Ab der Wirtschaft verläuft die Konjunktur nie in konstanten linearen Bahnen, sondern typischerweise in vier Phasen.

Hinweise:

- Die Konjunkturphasen werden auch **Konjunkturzyklus** genannt.

- Ein typischer **Konjunkturzyklus** umfasst die **Phasen "Aufschwung, Hochkonjunktur, Abschwung, Depression"** und
  dauert vom Aufschwung bis zum erneuten Aufschwung circa **5-7 Jahre.**

Folgende vier Konjunkturphasen werden unterschieden:

Aufschwung/ Expansion	Die Aufschwungphase bezeichnet die **Zeit nach einer Depression.** Es ist die Phase, in der sich die Wirtschaft langsam wieder **erholt**, um wieder in Richtung Boom zu arbeiten. **Kennzeichen:** <ul><li>Zunehmende Nachfrage</li><li>Produktion und Absatz steigen, bessere Auslastung der Produktionsanlagen</li><li>Abnahme der Arbeitslosigkeit und Zunahme der Beschäftigungsrate</li><li>Neueinstellungen werden vorgenommen</li><li>Lohnniveau steigt, mit der Folge eines höheren privaten Konsums</li><li>Stärkeres Wachstum des Bruttoinlandprodukts (BIP)</li><li>In einzelnen Wirtschaftsbereichen treten Engpässe auf und die Preise steigen dort</li></ul>
Hochkonjunktur/ Boom	Der wirtschaftliche Boom ist der **beste Zustand**, den eine Volkswirtschaft erreichen kann, also der **Höhepunkt der wirtschaftlichen Aufwärtsbewegung.** **Kennzeichen:** <ul><li>Hohe Nachfrage, die größer ist als das Angebot</li><li>Preise steigen aufgrund der hohen Nachfrage</li><li>Löhne steigen überproportional</li><li>Produktionsmöglichkeiten sind aufgrund der hohen Nachfrage voll ausgeschöpft</li><li>Die Unternehmen investieren kräftig</li><li>Arbeitskräftemangel, hoher Beschäftigungsstand, geringe Arbeitslosigkeit</li><li>Es fallen Überstunden und Mehrarbeit an; die Zahl der Zeitarbeitnehmer nimmt stark zu</li><li>Es wird weiter investiert, sodass die Nachfrage an Krediten steigt und dies gleichzeitig zu höheren Zinsen führt</li><li>Aktienkurse steigen</li><li>Schnelles und hohes Wachstum des BIP, aber bei abnehmenden Zuwachsraten</li><li>Es besteht die Gefahr der Inflation.</li></ul>

Abschwung/ Rezession	Der **obere Wendepunkt** wurde bei der Rezession **überschritten** und man befindet sich im Abschwung. **Kennzeichen:** ■ Abbau des Nachfrageüberhangs, sinkende Nachfrage ■ Produktion und Absatz sinken, geringere Auslastung der Produktionsanlagen ■ Steigende Arbeitslosenzahlen ■ Gewinne der Unternehmen sinken ■ Rückgang der Investitionen der Unternehmen ■ Stagnation des privaten Konsums ■ Geringeres Wachstum des BIP **Unternehmerische Maßnahmen:** ■ Aufbau von Lagerbeständen ■ Drosselung der Produktion ■ Kurzarbeit ■ Kündigen von Leiharbeitnehmern
Tiefphase/ Depression/ Krise	Erreichen des **Tiefpunktes** einer Volkswirtschaft. **Kennzeichen:** ■ Angebot übersteigt Nachfrage ■ Starker Produktionsrückgang ■ Zunehmend fehlende Kostendeckung durch geringe Auslastung → Liquiditätsengpässe in Unternehmen ■ Ungewöhnlich hohe Arbeitslosigkeit, Unterbeschäftigung ■ Keine/kaum Investitionen ■ Stagnierendes oder rückläufiges Wachstum des BIP **Unternehmerische Maßnahmen:** ■ Kurzarbeit ■ Kündigen von Leiharbeitnehmern ■ Absenken der Arbeitszeit ■ Freisetzung/Kündigung von Arbeitskräften

Hinweis:

Die einzelnen Konjunkturphasen können unterschiedlich stark ausgeprägt sein.

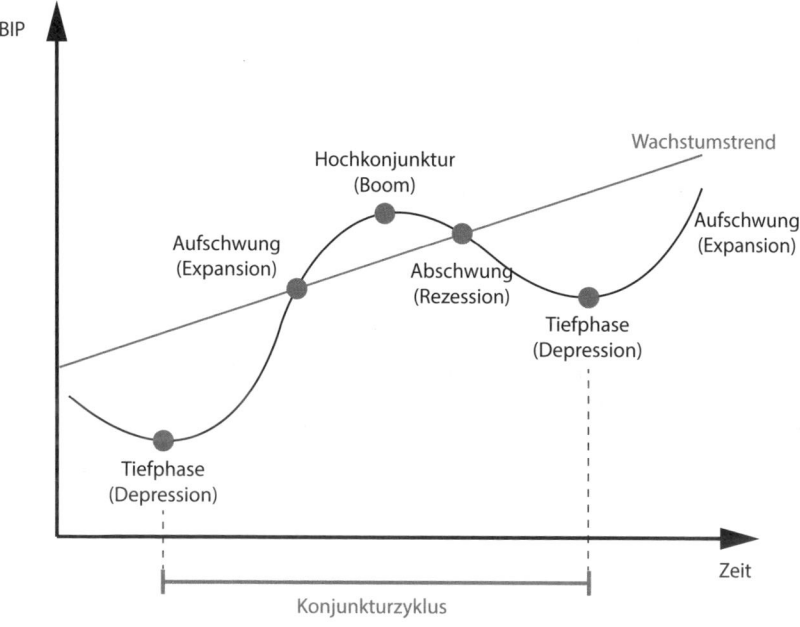

Abb.: Konjunkturverlauf/Konjunkturzyklus

Bereich \ Phase	Aufschwung (Expansion)	Hochkonjunktur (Boom)	Abschwung (Rezession)	Tiefphase (Depression)
Beschäftigungsrate	steigend	stark steigend	fallend	niedrig
Löhne	schwach steigend	stark steigend	stagnierend	stagnierend / sinkend
Auftragslage	steigend	stark steigend	fallend	niedrig
Produktion	schwach steigend	stark steigend	fallend	niedrig
Investitionsvolumen	steigend	stagnierend / sinkend	fallend	stark fallend
Preisniveau	schwach steigend	steigend	schwach fallend	fallend
Zinsen	schwach steigend	steigend	fallend	niedrig
Stimmungslage	optimistisch	skeptisch	pessimistisch	depressiv

19

? Was sind Konjunkturindikatoren?

> **DEFINITION INDIKATOREN/KONJUNKTURINDIKATOREN**
>
> Indikatoren sind **Anzeiger, die Hinweise und Rückschlüsse auf die zukünftige Konjunkturentwicklung** geben können (= Konjunkturmerkmale).

> **BEACHTE**
>
> Die einzelnen Konjunkturindikatoren sind voneinander abhängig und dürfen daher nicht isoliert betrachtet werden.

Typische Konjunkturindikatoren:

- Auftragseingänge und –bestände, Auslastung der Produktion
- Beschäftigungsstand
- Preisentwicklung, Verbraucherpreise
- Zinsniveau
- Lohnentwicklung
- Investitionen
- Arbeitslosenquote
- Insolvenzen
- Bruttoinlandsprodukt
- Exportentwicklung/Importentwicklung
- Lohnstückkosten
- Inflationsrate
- Geldmenge der Zentralbank
- Rohstoffpreise
- Konsumklimaindex etc.

? Welche Folgen sind bei konjunktureller Eintrübung, also bei einer Rezession, für die Steuereinnahmen zu erwarten?

In der Rezession ist die Entwicklung des **Wirtschaftswachstums negativ**, sodass dies negative Folgen für jeden hat, der in der betroffenen Wirtschaft lebt.

In der Rezession ...

- verlieren viele Arbeitnehmer ihre Beschäftigung und damit sinkt das Einkommensteueraufkommen.

- sinken die Umsätze der Unternehmen und demzufolge die Einnahmen aus der Umsatzsteuer.

- sinken die Gewinne der Unternehmen und damit auch die gewinnabhängigen Steuern, wie Körperschaftsteuer, Gewerbesteuer.

- zögern die Banken bei der Vergabe neuer Darlehen an Privatkunden, aber auch an Unternehmen, wodurch aufgrund der fehlenden Investitionen Einnahmen aus der Umsatzsteuer verhindert werden.

Welche wirtschaftspolitischen Maßnahmen kann der Staat zur Ankurbelung der Konjunktur ergreifen?

Vorschläge zur Ankurbelung der Konjunktur:

- Senkung von Steuern und Abgaben,
  z.B. der Umsatzsteuer

- Verbesserung der Anreize zu Investitionen, Schaffung innovationsfördernder Rahmenbedingungen

- Erhöhung der Ausschreibungen von öffentlichen Aufträgen an Unternehmen

- Einführen bzw. Erhöhen von Subventionen

- Beeinflussen des Sparverhaltens,
  z.B. durch Senkung der Zinsen bei staatlichen Anleihen

- Erhöhung staatlicher Hilfen,
  z.B. Kinder- oder Wohnungsgeld

- Schaffung verbesserter Produktionsbedingungen mit der Folge der Stärkung des Angebots

- Erhöhung der Unternehmensgewinne,
  z.B. durch Verminderung der Gewerbesteuer und/oder der Sozialabgaben

- Vorantreiben von Privatisierungen

- Beschäftigungsprogramme zur Stützung des Arbeitsmarktes

- Haftungsgarantien für angeschlagene Großkonzerne zur Sicherung der Arbeitsplätze; Sicherung von Arbeitsplätzen durch staatliche finanzielle Unterstützung
  (→ „Kurzarbeitsmodelle statt Entlassung")

- Direktförderung bei Anschaffungen des privaten Konsums,
  z.B. Förderung von Solaranlagen, Abwrackprämien

1.1.2 Bestimmungsfaktoren der Beschäftigung

? Von welchen Bestimmungsgrößen (= Determinanten) ist die Beschäftigung abhängig?

Folgende Einflussgrößen (= Determinanten) der Personalplanung werden unterschieden:

Externe (Einfluss-)Faktoren	Interne (Einfluss-)Faktoren
■ Gesamtwirtschaftliche Entwicklung wie Konjunkturlage, Sozialprodukt, Kaufverhalten, Personalzusatzkosten, Erwerbsbevölkerung	■ Unternehmensziele/-strategien
	■ Produktionsplanung (Was? Wann?)
	■ Investitionsplanung
■ Technische Entwicklung wie neue Materialien, neue Technologien und neue Produktionsprozesse	■ Personal-Ist-Bestand
	■ Fluktuation, Fehlzeiten, Krankenstände
■ Arbeitsmarktstruktur und Arbeitsmarktentwicklung	■ Interne Altersstruktur
	■ Arbeitszeitsysteme
■ Mögliche Maßnahmen der Konkurrenten und Zulieferer	■ Unternehmensgröße
	■ Organisationsstruktur
■ Soziale Entwicklung wie Alterspyramide, Tradition, Einstellungen, Wertewandel, Motivstruktur	■ Produktionsmethoden, Technisierungsgrad, Produktivität
	■ Fähigkeiten der Arbeitskräfte, Qualifikationen, individuelles Leistungsvermögen
■ Politische Entwicklung wie Gesetzesänderungen, Änderung der Sozialgesetze, Subventionspolitik, Arbeitszeitbestimmungen	■ Produzierte bzw. abgesetzte Mengen
	■ Rationalisierungen
■ Tarifentwicklung usw.	■ Personalkostenstruktur usw.

1.1.2.1 Konjunkturverläufe und Auswirkungen auf die Beschäftigung

Für die betriebliche Personalarbeit ist es entscheidend zu wissen, wie sich Angebot und Nachfrage auf dem Arbeitsmarkt entwickeln.

Je nach Konjunkturphase ist das Angebot an Arbeitskräften auf dem Arbeitsmarkt größer oder kleiner als die Nachfrage, und damit besteht entweder ein großes oder ein nicht ausreichendes Rekrutierungsfeld.

Welche Auswirkungen hat der Konjunkturverlauf auf die betriebliche Personalplanung? **?**

Auswirkungen des Konjunkturverlaufs auf die betriebliche Personalplanung ...

in Zeiten der Hochkonjunktur	Hier muss für eine ausreichende Personaldeckung gesorgt werden.	**Maßnahmen:** ■ Spezielle Beschaffungsmaßnahmen ■ Verstärktes Personalmarketing ■ Aus– und Weiterbildung ■ Übergang auf geeignete Arbeitszeitmodelle wie Jahresarbeitszeitkonten
in Zeiten der Rezession	Hier fehlt zunehmend die Kostendeckung aufgrund geringer Auslastung der Produktionsanlagen/Kapazitäten.	**Maßnahmen:** ■ Reduzierung des Budgets, z.B. im Bereich der PE-Maßnahmen ■ Sach– und Personalinvestitionen werden verschoben ■ Abbau von Stellen, Einleitung von Personalabbaumaßnahmen ■ Rationalisierungsmaßnahmen
beim Vorliegen saisonaler Schwankungen	Hier liegt eine jahreszeitlich bedingte Nachfrageveränderung vor.	**Maßnahmen:** ■ Einsatz flexibler Arbeitssysteme wie Jahresarbeitszeitkonten ■ Veränderung der Schichtzeiten ■ Mehrarbeit oder vorgezogener Jahresurlaub ■ Vermehrter Einsatz von Leiharbeitern und befristeten Arbeitskräften

1.1.2.2 Ziele der Konjunkturpolitik

DEFINITION KONJUNKTURPOLITIK

Unter Konjunkturpolitik versteht man das **Eingreifen und Ergreifen von wirtschafts-, finanz- und geldpolitischen Maßnahmen** zur Verminderung von Konjunkturschwankungen.

Welchen Zweck verfolgt die Konjunkturpolitik?

Zweck der Konjunkturpolitik ist es …

- Schwankungen größeren Ausmaßes zu verhindern,
- die Konjunktur zu stabilisieren und
- das wirtschaftliche Wachstum zu fördern.

Merke:

Konjunkturpolitik ist **Stabilisierungspolitik.**

Hinweis:

Der Staat verhält sich im Bereich der Konjunkturpolitik **antizyklisch**, d.h. dem Konjunkturzyklus entgegengesetzt.

Beispiele:

- In der Hochkonjunkturphase/ im Boom:
  Dämpfung der Nachfrage durch Einschränkung der Staatsausgaben **und** durch höhere Steuern
- In der Krise/ Tiefphase/ Depression:
  Steigerung der Nachfrage durch höhere Staatsausgaben **und** niedrigere Steuern, finanziert durch höhere Staatsschulden

 Welche Ziele verfolgt die Konjunkturpolitik (= Stabilitätspolitik)?

Das 1967 in Kraft getretene „Gesetz zur Förderung der Stabilität und des Wachstums der Wirtschaft StWG" (Kurzbezeichnung: Stabilitätsgesetz) nennt **vier Ziele der staatlichen Wirtschaftspolitik.**

Diese 4 Ziele bilden die Leitlinie für Maßnahmen, die der Staat ergreift, um die Konjunktur zu beeinflussen.

BEACHTE

Diese vier Ziele der Konjunktur-/Stabilitätspolitik werden als **magisches Viereck** bezeichnet.

Die vier Ziele der Konjunkturpolitik:

1. Hoher Beschäftigungsstand (= Vollbeschäftigung)
2. Stabilität des Preisniveaus
3. Außenwirtschaftliches Gleichgewicht/ ausgeglichene Zahlungsbilanz
4. Stetiges und angemessenes Wirtschaftswachstum

Hinweise:

- Diese vier Ziele der staatlichen Konjunkturpolitik bilden zusammen das Staatsziel des **gesamtwirtschaftlichen Gleichgewichts** (Art. 109 Abs.2 GG).

- Abgeleitet werden die Ziele der Konjunkturpolitik aus den obersten Zielen der demo-kratischen und marktwirtschaftlichen Gesellschaftsordnung wie Gerechtigkeit, Freiheit, Wohlstand und Sicherheit.

- Die Ziele sind gleichzeitig und gleichberechtigt anzustreben. Im Grundsatz gibt es keine Rangordnung und keine Priorisierung. Allerdings wurde durch das Europarecht der Preis-niveaustabilität eine herausragende Stellung eingeräumt, vgl. Art. 4 Abs.2 und Art. 105 EGV, Art. 88 S.2 GG.

> **Warum nennt man die 4 Ziele der Konjunkturpolitik „magisches Viereck"?** **?**

Der Begriff „**magisch**" drückt aus, dass es eine sehr schwer erfüllbare Forderung an den Staat ist, alle vier Ziele gleichzeitig zu erreichen, da in manchen Situationen zwischen den Zielen Konflikte bestehen.

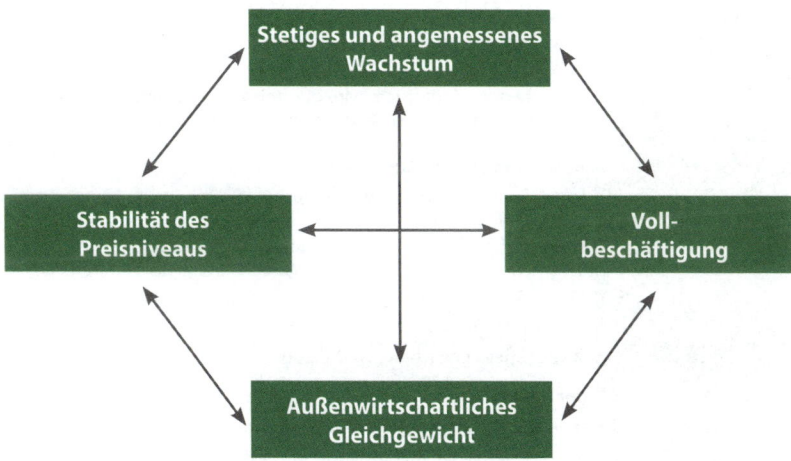

Abb.: Magisches Viereck

Das magische Viereck:

Hoher Beschäftigungsstand	Für den Menschen, die Unternehmen, die Gesellschaft und für die Volkswirtschaft ist die Bedeutung eines hohen Beschäftigungsstandes immanent.
	Die Höhe des Beschäftigungsstandes wird anhand der volkswirtschaftlichen Kenngröße "Arbeitslosenquote" gemessen. Ein hoher Beschäftigungsstand ist bei geringer Arbeitslosenquote erreicht. Das Ziel des Staates ist natürlich eine möglichst niedrige Arbeitslosenquote.

Berechnung der Arbeitslosenquote:

$$Arbeitslosenquote\ in\ \% = \frac{Zahl\ der\ gemeldeten\ Arbeitslosen}{Zahl\ der\ Erwerbstätigen\ und\ Arbeitslosen} \times 100$$

Hinweise:

- Bei einer Arbeitslosenquote von bis zu 3 % (herrschende Meinung, keine einheitliche Definition) spricht man von Vollbeschäftigung, denn ein gewisser Prozentsatz von Arbeitslosen ist auch unter optimalen wirtschaftlichen Bedingungen nicht zu vermeiden.

- Bei der Arbeitslosenquote werden nur registrierte Personen erfasst. Hausfrauen/-männer, Teilnehmer von Arbeitsbeschaffungsmaßnahmen ABM, Teilnehmer von Qualifizierungsmaßnahmen, Empfänger von Vorruhestandsbezügen sowie von Übergangsgeldern werden in die Berechnung der Arbeitslosenquote nicht miteinbezogen. Weiterhin werden Dauer und Gründe der Arbeitslosigkeit nicht erfasst.

Preis(niveau)-stabilität	Unter Preisniveau versteht man den durchschnittlichen Preis für alle Güter einer Volkswirtschaft.

Unter Preis(niveau-)stabilität versteht man, dass die Kaufkraft des Geldes (über einen möglichst langen Zeitraum) gleich bleibt (= Geldwertstabilität).

Mit Hilfe der Inflationsrate wird die Preisniveaustabilität gemessen. Ein stabiles Preisniveau bedeutet daher eine geringe Inflation.

Berechnung der Inflationsrate:

Die Inflationsrate wird am Preisindex für die Lebenshaltung gemessen. Das Statistische Bundesamt bestimmt diesen mithilfe von Gütern des Warenkorbes, deren Preise monatlich erhoben werden.
Vergleicht man das Preisniveau des Warenkorbs mit dem des Vorjahres, so erhält man die Veränderung.

- positive Vorzeichen (+) = Inflation
- negative Vorzeichen (-) = Deflation

Beachte:

- Preisstabilität liegt bei einer Inflationsrate von bis zu 2 % vor.

- Ein kurzzeitiger Preisanstieg ist in Zeiten der Hochkonjunktur normal, denn wenn das durchschnittliche Einkommen steigt, dann steigt auch die Nachfrage und damit die Preise.

Preis(niveau)-stabilität (Forts.)	**Hinweis:** Probleme bei der Berechnung des Warenkorbes ergeben sich dadurch, dass ... 1. die Verbraucher ihre Konsumgewohnheiten ändern und 2. immer wieder neue Produkte (v.a. Elektronik) auf den Markt kommen. **Preis(niveau-)stabilität ist wichtig, weil sie ...** ■ **grundlegende Voraussetzung für ein reibungsloses Funktionieren der Marktwirtschaft ist.** Unternehmen nehmen das Preisniveau als **Indikator** für Investitionen. Steigende Preise signalisieren, dass die Nachfrage erhöht ist und ein Gut knapper wird. Daher investieren sie, da sie sich von dem jeweiligen Gut einen hohen Gewinn versprechen. ■ **eine Grundvoraussetzung für soziale Gerechtigkeit (→ Sicherung des Friedens und der Stabilität innerhalb einer Gesellschaft) ist.** Preisstabilität verhindert die Entwertung von Geldvermögen und erhält die Kaufkraft der Einkommen, denn bleibende Kaufkraft entsteht durch Gleichgewicht zwischen Geldmenge und Gütermenge. Die Binnennachfrage ist gestärkt. Die Einkommens- und Vermögensverteilung ist, im Gegensatz zu einer Inflation, gerecht, denn Bezieher fester Einkommen sowie Sparer und Kreditgeber werden nicht benachteiligt und Bezieher von Sachvermögen sowie Schuldner nicht bevorzugt. ■ **das Wachstum der Wirtschaft nachhaltig fördert und gut für die Lage auf dem Arbeitsmarkt ist.** Billige Kredite für Unternehmen sowie erhöhte Nachfrage führen zu Investitionen und diese wiederum zu einem hohen Beschäftigungsniveau. Preisstabilität trägt damit zum wirtschaftlichen Wohlstand bei.
Außenwirtschaftliches Gleichgewicht	Außenwirtschaftliches Gleichgewicht heißt, dass weder Überschüsse noch Defizite in der Handels– und in der Dienstleistungsbilanz bestehen. Vereinfacht gesagt, entsprechen sich beim außenwirtschaftlichen Gleichgewicht die Summe der Leistungsexporte und die Summe der Leistungsimporte. Der Indikator hierfür ist die **Außenbeitragsquote**. Dabei handelt es sich um den Anteil des Außenhandelsumsatzes einer gesamten Volkswirtschaft am Bruttoinlandsprodukt (BIP). **Berechnung der Außenbeitragsquote:** $$\text{Außenbeitragsquote in } \% = \frac{Exporte - Importe}{Nominales\ Bruttoinlandsprodukt} \times 100$$ Anmerkung: Exporte und Importe sind bezogen auf Waren und Dienstleistungen

Außenwirtschaftliches Gleichgewicht (Forts.)	**Diese Folgen können bei einem außenwirtschaftlichem Ungleichgewicht auftreten:** ■ Exportüberschüsse führen zu Devisenüberschüssen mit der Folge eines tendenziell steigenden Geldumlaufs und der Gefahr der Inflation ■ Importüberschüsse führen zu abnehmender Devisenmenge, abnehmender Geldmenge und wachstumshemmenden Effekten ■ Ständige Leistungsbilanzdefizite führen zur Verschuldung sowie zu einer hohen Arbeitslosenquote ■ Ständige Leistungsbilanzüberschüsse führen i.d.R. zur Inflation im „Überschussland" und zum Forderungsausfall von defizitären Staaten
Angemessenes und stetiges Wirtschaftswachstum	Unter Wirtschaftswachstum wird die Veränderung des Bruttoinlandsprodukts BIP als eine gesamtwirtschaftliche Größe verstanden. Wirtschaftswachstum liegt bei einer **Zunahme des realen Bruttonationaleinkommens bzw. des realen Bruttoinlandsprodukts** (BIP) vor. Wirtschaftliches Wachstum wird meist als prozentuale Veränderung im Zeitablauf als monatliche, vierteljährliche oder jährliche Wachstumsraten angegeben. **Beim Wirtschaftswachstum wird unterschieden zwischen** ■ **nominalem Wirtschaftswachstum,** d.h., Wachstum ist die monetäre Änderung des BIP oder des Bruttonationaleinkommens von einer Periode zur anderen ■ **realem Wirtschaftswachstum,** d.h., Bereinigung der Preissteigerung findet statt, indem die Preissteigerung herausgerechnet wird **Das Wirtschaftswachstum soll folgendermaßen sein:** ■ **angemessen,** d.h. unterstützend für das magische Viereck. Als angemessen gilt eine jährliche durchschnittliche Steigerung des realen BIP von 1-5 % ■ **stetig,** d.h. nicht sprunghaft und ohne größere Schwankungen, sondern in dauerhaften kontinuierlichen Zuwächsen **Günstige Bedingungen für ein angemessenes und stetiges Wirtschaftswachstum sind insbesondere ...** ■ technischer Fortschritt, ■ qualifizierte Arbeitskräfte, ■ hoher Wissensstand, ■ klare rechtliche Rahmenbedingungen, ■ verlässliche Politik, ■ gutes Klima und ■ eine gute Infrastruktur.

> **Welche beiden weiteren Ziele der Konjunkturpolitik erweitern das magische Viereck zum magischen Sechseck?** **?**

Folgende zwei Ziele der Konjunkturpolitik sind im Laufe der Zeit zum magischen Viereck hinzugekommen und haben das magische Viereck zum **magischen Sechseck** erweitert:

Lebenswerte Umwelt/ Umweltschutz	Wirtschaftliches Wachstum ohne Rücksicht auf die Umwelt würde im Laufe der Zeit zur Erschöpfung der Rohstoffreserven und zur Zerstörung der Umwelt führen. **Zum Schutz der Umwelt muss sowohl in der Produktion als auch beim Konsum geachtet werden auf ...** ■ sparsamen Verbrauch von nicht regenerierbaren Rohstoffen, ■ sparsamen Verbrauch von Energien, ■ Reduzierung von Schadstoffen, ■ Wahl von umweltschonenden alternativen Produkten, ■ effiziente Produktionsverfahren und Produktionsmittel, ■ Förderung des Verbrauchs und der Entwicklung umweltfreundlicher Produkte, ■ Recycling (= weitgehende Wiederverwertung von Abfällen durch Aufbereitung wiederverwendbarer Rohstoffe). **Hinweise:** ■ Der Staat kann zum einen finanzielle Anreize (z.B. zur Energieeinsparung) geben und zum anderen durch Förderung von Forschung und Entwicklung alternative und verbesserte Rohstoffe und energiesparende Maschinen entwickeln. ■ Der Umweltschutz ist seit 1994 auch als **Staatsziel** im Grundgesetz verankert.
Gerechte Einkommensverteilung	Ungerechte Verteilung des Einkommens führt zu Konflikten, verringert die Kaufkraft privater Haushalte und wirkt sich damit negativ auf Beschäftigung und Wachstum aus. **Um eine extreme Ausprägung der ungerechten Verteilung zu begrenzen, sind folgende drei Punkte zu beachten:** ■ **Gleiche Startchancen für alle** durch ein Bildungs- und Ausbildungssystem, das die Zielsetzungen „Gerechtigkeit, Durchlässigkeit und individuelle Förderung" erfüllt → „Bildung sichert Zukunft" ■ **Leistungsprinzip,** d.h., Leistung ist Grundlage für Bewertung und Entlohnung ■ **Solidaritätsprinzip,** d.h., die Gemeinschaft tritt für den Einzelnen ein, wenn sich dieser in einer Notlage befindet

? **Welche Zielbeziehungen können im magischen Viereck bzw. im magischen Sechseck bestehen?**

Die Ziele des magischen Vierecks/Sechsecks können in Beziehung zueinander stehen, neutral sein, aber auch Konflikte zueinander verursachen.

Zielarten	Erläuterung	Beispiele
Komplementäre Ziele/ Kongruente Ziele	Die Zielbeziehungen **unterstützen sich gegenseitig,** d.h., der steigende Erfolg des einen Ziels führt zu einem steigenden Erfolg beim anderen Ziel.	▪ Die Ziele „hoher Beschäftigungsstand" und „stetiges und angemessenes Wirtschaftswachstum" sind komplementär, da bei Wirtschaftswachstum in der Regel mehr Arbeitnehmer benötigt werden. Eine bessere Auslastung des Faktors Arbeit führt zu einem erhöhten Wirtschaftswachstum. ▪ Die Ziele „Wirtschaftswachstum" und „Umweltschutz" sind dann komplementär, wenn die Gewinne des Wirtschaftswachstums in umweltfreundliche Produktionsverfahren investiert werden.
Konkurrierende Ziele/ Konfliktäre Ziele	Die Zielbeziehungen **behindern sich gegenseitig,** d.h., ein Ziel wird nur zu Lasten eines anderen Ziels erreicht; man tauscht die Verbesserung eines Ziels gegen die Verschlechterung eines anderen Ziels ein.	▪ Die Ziele „hoher Beschäftigungsstand" und „Preisstabilität" können in Konkurrenz stehen. Bei „hohem Beschäftigungsstand" ist mehr Geld im Umlauf, wodurch das Kaufverhalten positiv ansteigt. Mehr Nachfrage erhöht allerdings den Preis, sodass die Preisstabilität gefährdet werden kann. Zugleich haben höhere Lohnkosten eine höhere Inflationsrate zur Folge. ▪ Volkswirtschaftlicher Zielkonflikt zwischen Wachstum, Preisstabilität, Vollbeschäftigung und außenwirtschaftlichem Gleichgewicht. ▪ Die Ziele „gerechte Einkommens- und Vermögensverteilung" und „Wirtschaftswachstum" stehen dann in Konkurrenz, wenn der Staat durch Umverteilung die Einkommensunterschiede anpasst, jedoch dadurch Leistungsanreize zum Arbeiten verringert. Die Folge ist ein Rückgang des Wirtschaftswachstums. ▪ Die Ziele „Umweltschutz" und „Wirtschaftswachstum" können im Widerspruch stehen.

Zielarten	Erläuterung	Beispiele
Neutrale Ziele/ Indifferente Ziele	Der Grad der Zielerreichung der beiden Ziele ist **voneinander entkoppelt,** d.h., die Ziele beeinflussen einander nicht, sie sind **unabhängig voneinander.**	■ Die Erhaltung einer „lebenswerten Umwelt" ist indifferent zum „außenwirtschaftlichen Gleichgewicht". ■ Der „Umweltschutz" ist indifferent zur „gerechten Einkommensverteilung". ■ Fördert der Staat in einer Rezession das „Wirtschaftswachstum", so hat das im Allgemeinen keine Auswirkung auf den „Umweltschutz".

1.1.2.3 Träger der Konjunkturpolitik

Wer sind die Träger der Konjunkturpolitik? **?**

1. Primäre Träger (→ **treffen** Entscheidungen):
   - **Staat**, also Bund, Länder, Gemeinden, Gebietskörperschaften
   - **Deutsche Bundesbank, Europäische Zentralbank EZB**
   - **Europäische Union EU**

2. Sekundäre Träger (→ **beeinflussen** Entscheidungen):
   - **Tarifvertragsparteien**, wie Arbeitgeberverbände, Gewerkschaften
   - **Parteien**, Selbstverwaltungsorgane der Wirtschaft (z.B. IHK, HWK)
   - **„Lobby"**, Interessenverbände

Was sind die Instrumente der Konjunkturpolitik? **?**

Es gibt zwei grundsätzliche Instrumente, um Wirtschaftswachstum zu beeinflussen:
1. **Geldpolitik**
2. **Fiskalpolitik**

Geldpolitik

Unter Geldpolitik versteht man die **Durchsetzung wirtschaftspolitischer Ziele durch Einflussnahme auf das Kreditgeschäft der Geschäftsbanken** (durch Verteuerung bzw. Verbilligung von Zentralbankgeld) und somit auf das Konsumverhalten privater Haushalte und das Investitionsverhalten der Unternehmen.

Das wichtigste **Ziel** der Geldpolitik ist die **Preisniveaustabilität** nach Art. 105 EG-Vertrag. Die Europäische Zentralbank EZB legt die Geldpolitik des Euro-Gebietes über geldpolitische Instrumente fest.

 Wer sind die Träger der Geldpolitik?

Träger der Geldpolitik sind

1. die **Notenbank** (Zentralbank), d.h. das Europäische System der Zentralbanken (**ESZB**) **und**
2. die **Europäische Zentralbank EZB**, die an der Spitze der Geldpolitik in der Europäischen Wirtschafts- und Währungsunion EWWU verantwortlich ist.

 Welche geldpolitischen Instrumente werden unterschieden?

Die Europäische Zentralbank EZB beeinflusst den Konjunkturverlauf mit folgenden drei geldpolitischen Instrumenten und Maßnahmen:

1. **Fazilitätenpolitik/ständige Fazilitäten**

   Diese wird auch als **Zinspolitik** beschrieben.

   Die Fazilitätenpolitik stellt ein Instrumentarium dar, durch welche sich Geschäftsbanken das benötigte Bargeld von der EZB leihen oder überflüssiges Bargeld bei der EZB anlegen können.

   → **Refinanzierungsmöglichkeiten durch Zinssteigerung oder Zinsverbilligung**

2. **Mindestreservepolitik**

   Die Mindestreservepolitik hat die **Veränderung der Mindestreserve** zum Gegenstand.

   Unter Mindestreserve versteht man die Verpflichtung der Banken, einen Teil der Kundeneinlagen (ca. 2 %) als verzinstes Guthaben bei der Europäischen Zentralbank EZB zu hinterlegen. Sie erhalten dafür eine Verzinsung, die geringer ist, als wenn sie das Geld verleihen könnten.

   Die Höhe der Mindestreserve ergibt sich aus den reservepflichtigen Verbindlichkeiten einer Geschäftsbank, gemessen am Ende eines Monats (→ Monatsultimo). Mindestreserve muss jedoch nicht ständig in voller Höhe, sondern nur im Durchschnitt erfüllt werden.

Beispiel:

Senkung (bzw. Erhöhung) des Mindestreservesatzes/Zwangsguthabens eines Kreditinstituts bei der Zentralbank führt unmittelbar zur einer Erhöhung (bzw. Verringerung) der freien Liquiditätsreserven.

3. **Offenmarktpolitik/Offenmarktgeschäfte**

Hierbei tritt die EZB am Markt selbst als Käufer oder Verkäufer auf.

→ Werden von der Zentralbank Wertpapiere am offenen Markt gekauft, ist eine Vergrößerung der Geldmenge, und danach eine Zinssenkung und Kreditverbilligung in der Volkswirtschaft die Folge.

→ Bietet die Zentralbank den Geschäftsbanken Wertpapiere zum Kauf an, verteuern sich Kredite und eine Verringerung der Geldmenge ist die Folge.

Ziele der Offenmarktpolitik:

- Steuerung der Liquiditätslage durch Umfang der Geschäfte
- Steuerung der Zinsen durch Gestaltung der Konditionen (wie Laufzeit, Zinssatz und Zuteilungsvolumen)
- Aufzeigen des geldpolitischen Kurses

Welches Ziel und welche Aufgaben hat die Europäische Zentralbank EZB? **?**

Ziel der EZB:

Sicherung der Währung, also der Preisstabilität, nach Art. 127 Abs.1 des AEUV.

→ **Bei Gefährdung der Preisstabilität** ist die EZB gezwungen, mit einer **Anhebung** (Folge: Verteuerung des Kreditzinses, Zurückhaltung bei Investitionen und Rückgang des Konsums) **oder Senkung des Leitzinses** zu reagieren.

BEACHTE

- **Die EZB ist unabhängig** von den nationalen Regierungen - sie ist also frei in der Ausübung ihrer Befugnisse und Weisungen.
- Die EZB hat das ausschließliche Recht, die Ausgabe von Banknoten innerhalb des Euroraums zu genehmigen.

Aufgaben der EZB:

- Verantwortung für die Geldpolitik der Währungsunion übernehmen
- Preisniveaustabilität in der Währungsunion sicherstellen
- Geldversorgung in der Währungsunion sicherstellen
- Währungsreserven der Mitgliedstaaten halten und verwalten
- Wirtschaftspolitik der Mitgliedstaaten unterstützen

- Reibungsloses Funktionieren der Zahlungssysteme fördern
- Devisengeschäfte durchführen

Fiskalpolitik

Unter Fiskalpolitik versteht man alle **geldpolitischen Instrumente des Staates** (**Fiskal = Staat**), mit denen er mittels Staatseinnahmen und Staatsausgaben (d.h. **durch Anheben und Senken von Steuern und Staatsausgaben**) in den Konjunkturverlauf zur Stärkung der Gesamtnachfrage eingreift. Allerdings erfolgt die Wirkung erst mit zeitlicher Verzögerung.

Fiskalpolitische Instrumente:

- Steuer– und Abgabepolitik,
  wie Senkung bzw. Erhöhung der Ertragsteuern und der Verbrauchsteuern
- Zollwesen
- Subventionen an Unternehmen,
  wie Ausbau bzw. Abbau von direkten Geldleistungen oder steuerlichen Nachlässen
- Transferzahlungen/Sozialleistungen an private Haushalte,
  wie Ausbau bzw. Abbau von Sozialhilfe, Wohngeld, Wohnungsbauförderung
- Öffentliche Investitionen,
  wie Vergabe bzw. Verringerung öffentlicher Aufträge z.B. Bau bzw. Sanierung von Straßen, Kindergärten, Schulen und/oder sonstigen staatlichen Einrichtungen

 Welche Ziele verfolgt die Fiskalpolitik?

Ziele der Fiskalpolitik:

- Ausgleich konjunktureller Schwankungen
- Stabiles Wirtschaftswachstum
- Hoher Beschäftigungsstand (Vollbeschäftigung) und eine gleichmäßig geringe Inflation
- Außenwirtschaftliches Gleichgewicht

 Was versteht man unter nachfrageorientierter und angebotsorientierter Fiskalpolitik?

Bei der nachfrage- und angebotsorientierten Fiskalpolitik geht es um unterschiedliche idealtypische Konzepte, um das Wirtschaftswachstum anzukurbeln.

Fiskalpolitik kann nachfrageorientiert oder angebotsorientiert erfolgen:

- **Nachfrageorientierte (= antizyklische) Fiskalpolitik,**
  d.h., der Staat gestaltet seine Einnahmen- und Ausgabenpolitik entgegengesetzt zum Konjunkturverlauf.

  Beeinflussung der Nachfrage bei den **Privathaushalten** durch

  → expansive Maßnahmen
  wie Einkommensteuersenkung

  → restriktive Maßnahmen
  wie Zuschlag zur Einkommensteuer

- **Angebotsorientierte Fiskalpolitik,**
  d.h., Beeinflussung von Wachstum und Beschäftigung bei den **Unternehmen** durch

  → expansive Maßnahmen
  wie Senkung der Körperschaftsteuer, Kurzarbeitergeld

  → restriktive Maßnahmen
  wie Einschränkung der Abschreibungsmöglichkeiten, Subventionspolitik, Investitionsbeihilfepolitik

Überblick über die nachfrage- und angebotsorientierte Wirtschaftspolitik:

	Nachfrageorientierte Wirtschaftspolitik nach Keynes	Angebotsorientierte Wirtschaftspolitik
Annahme	Die Nachfrage bestimmt das gesamtwirtschaftliche Angebot und damit auch die Höhe der Produktion und die Anzahl an Erwerbstätigen. Denn, wenn Verbraucher nicht konsumieren, verzichten Unternehmen wegen schlechter Absatzzahlen auf Investitionen und in der Folge werden Mitarbeiter schlechter bezahlt oder sogar entlassen, die Kaufkraft sinkt und damit auch wieder die Nachfrage (Kreislauf!). Da der Markt allein nicht in der Lage ist, Nachfrage zu begründen, muss der Staat eine aktive Rolle übernehmen und Nachfrage durch zusätzliches Geld schaffen.	Beschäftigung und Wachstum einer Volkswirtschaft hängen in erster Linie von den Kosten der Angebotsseite ab. Denn, Unternehmen entscheiden auf der Grundlage ihrer Gewinn- bzw. Renditeerwartungen über Investitionen und damit auch über die Schaffung von Arbeitsplätzen. Der Staat greift nicht aktiv ein, sondern verbessert lediglich die wirtschaftlichen Rahmenbedingungen für Unternehmen. Die Gewinne der Unternehmen sollen dadurch erhöht und damit Investitionen sowie Innovationen gefördert werden. → **Grundidee der freien Marktwirtschaft**
Ziel	Kurzfristige Beseitigung der Störfaktoren im gesamtwirtschaftlichen Gleichgewicht (= **Symptombekämpfung**)	Lang- und mittelfristige Beseitigung von Auslösefaktoren im gesamtwirtschaftlichen Gleichgewicht (= **Ursachenbekämpfung**)

Nachfrageorientierte Wirtschaftspolitik nach Keynes	Angebotsorientierte Wirtschaftspolitik
Maßnahmen zur Ankurbelung der Konjunktur	**Stärkung der gesamtwirtschaftlichen Nachfrage durch Konsumsteigerung** Der Staat soll in Zeiten wirtschaftlicher Stagnierung als Ersatznachfrager auf dem Markt agieren.	**Stärkung der Konjunktur durch nachhaltige und dauerhafte Verbesserung der Angebotsbedingungen der Wirtschaft** insbesondere durch Kostenentlastung und Stärkung der Unternehmen, Deregulierung und Innovationsförderung.

Maßnahmen zur Ankurbelung der Konjunktur

Nachfrageorientierte Wirtschaftspolitik nach Keynes

Stärkung der gesamtwirtschaftlichen Nachfrage durch Konsumsteigerung

Der Staat soll in Zeiten wirtschaftlicher Stagnierung als Ersatznachfrager auf dem Markt agieren.

Mittel der Nachfragepolitik:

- Geldpolitik:
  - → das geldpolitische Instrumentarium wird zur Lenkung der Liquidität des Zinsniveaus eingesetzt
  - → Politik des „billigen Geldes" (→ Leitzinssenkung) durch die EZB
- Fiskalpolitik:
  - → Erhöhung der Staatsnachfrage durch öffentliche Ausgabeprogramme und neue Staatsaufträge
  - → Erhöhung der Ausgaben des öffentlichen Sektors
  - → Stärkung der Massenkaufkraft durch höhere Investitionen des Staates
  - → massive Staatsverschuldung durch „deficit spending", d.h., der Staat gibt mehr aus, als er einnimmt
- Steuerpolitik:
  - → Steigerung der privaten Konsumgüternachfrage durch Senkung von Steuern und Abgaben
  - → Unterstützung privater Haushalte durch Lohnsteuerentlastungen und/oder Zuschüsse, um den privaten Konsum anzuregen
  - → Erhöhung staatlicher Transferzahlungen

Angebotsorientierte Wirtschaftspolitik

Stärkung der Konjunktur durch nachhaltige und dauerhafte Verbesserung der Angebotsbedingungen der Wirtschaft

insbesondere durch Kostenentlastung und Stärkung der Unternehmen, Deregulierung und Innovationsförderung.

Mittel der Angebotspolitik:

- Geldpolitik:
  - → eine inflationsvermeidende Geldpolitik, die am Wirtschaftswachstum ausgerichtet ist
- Fiskalpolitik:
  - → Senkung der Staatsquote
  - → Verringerung der Neuverschuldung
  - → Rückzug des Staates aus der Wirtschaft
  - → Deregulierung (d.h. Entlastung der Unternehmen durch weniger Bürokratie)
- Steuerpolitik:
  - → motivierendes Steuersystem durch Verringerung der Unternehmensbesteuerung
  - → Verbesserung der Investitionsbedingungen
  - → Verbesserung der steuerlichen Abschreibungsmöglichkeiten
  - → Förderung von Existenzgründung
- Arbeitsmarktpolitik:
  - → zurückhaltende Lohnpolitik
  - → Förderung von Arbeitnehmermobilität
  - → Förderung der Flexibilität von Löhnen, Arbeitszeit und Beschäftigungsbedingungen
  - → Förderung von Existenzgründungen

	Nachfrageorientierte Wirtschaftspolitik nach Keynes	Angebotsorientierte Wirtschaftspolitik
Maßnahmen zur Ankurbelung der Konjunktur (Forts.)	■ Arbeitsmarkt-/Beschäftigungspolitik: → aktive Beschäftigungspolitik, z.B. Stärkung der Massenkaufkraft durch Lohnerhöhung	■ Sonstiges: → Stärkung des Angebots durch Förderung von Forschung und Entwicklung → Schaffung innovationsfördernder Rahmenbedingungen → Vorantreiben von Privatisierungen
Schwächen/ Kritik	■ Evtl. inflationstreibend ■ Schwächung und Verdrängung der privaten Investitionstätigkeit durch staatliche Investitionen (→ crowding-out) ■ Der Staat kann erst mit einer Zeitverzögerung auf einen konjunkturellen Rückgang reagieren, sodass die Wirtschaft möglicherweise schon wieder im Aufschwung ist, bevor die Maßnahmen wirksam werden (→ time lags) ■ Steigende Staatsverschuldung zur Finanzierung der öffentlichen Haushalte	■ Verbesserte Gewinnsituation erhöht zwar die Investitionsfähigkeit der Unternehmen, führt aber nicht automatisch zur Investition ■ Entgangene Steuern müssen durch die Verbraucher ausgeglichen oder durch Neuverschuldung ersetzt werden ■ Reduzierte Staatsausgaben führen zu höherer Arbeitslosigkeit ■ Gefährdung sozial- und wohlstandsstaatlicher Konzepte, da eine Fixierung auf die Kosten bzw. auf den Unternehmensgewinn besteht ■ Bei starken Nachfrageeinbrüchen ist die Anpassungsfähigkeit der angebotsorientierten Wirtschaftspolitik überfordert

1.1.3 Beschäftigungspolitik

Die Beschäftigungspolitik (= Arbeitsmarktpolitik) bezeichnet die Gesamtheit aller Maßnahmen staatlicher Einrichtungen mit den Zielen:

■ Verbesserung der Arbeitsbedingungen von Beschäftigten

■ Sicherung von Arbeitsplätzen

■ Erhöhung der Beschäftigungschancen für Arbeitsuchende auf dem Arbeitsmarkt

■ Senkung der Arbeitslosenquote

■ Vermeidung von Arbeitslosigkeit aller Art

- **Bundesagentur für Arbeit**
- **Bundesregierung** durch das Ministerium für Wirtschaft und Arbeit
- **Landesregierung** durch die Landesarbeitsministerien

? Was ist das Hauptziel der Beschäftigungspolitik?

Hauptziel der Beschäftigungspolitik ist die **Vermeidung aller Arten der Arbeitslosigkeit.**

? Welche Bedeutung hat die Arbeit für den Einzelnen, aber auch für die Volkswirtschaft/den Staat/die Gesellschaft?

Für den Menschen, die Unternehmen, die Gesellschaft und für die Volkswirtschaft ist die Bedeutung eines hohen Beschäftigungsstandes immanent.

Bedeutung der Arbeit für den Menschen	Bedeutung der Arbeit für die Volkswirtschaft/den Staat/die Gesellschaft
Arbeit ...	**Arbeit ...**
■ bietet Existenzsicherung/finanzielle Sicherheit	■ bietet eine Grundlage für die Sozialversicherungssysteme
■ fördert die Persönlichkeitsentwicklung, ermöglicht Selbstverwirklichung und soziale Unabhängigkeit	■ verbessert das Steuereinkommen
■ ermöglicht die Beteiligung an Entscheidungsprozessen und die Übernahme von Verantwortung	■ sichert Wohlstand und sozialen Frieden
	■ verringert die Arbeitslosigkeit
■ vermittelt Zufriedenheit, soziale Anerkennung, Stolz und Identität	■ vermindert Transferzahlungen an die Haushalte
■ bietet Perspektiven	■ bietet Wertorientierung
■ bietet Kooperation und Kontakt	■ stärkt die Kaufkraft
■ ermöglicht sozialen Aufstieg	■ ist Grundlage für die Leistungsfähigkeit der Unternehmen und deren Wachstum
	■ ist Sicherung des Standortes Deutschland und ermöglicht internationale Wettbewerbsfähigkeit
	■ ist Grundlage für technische, wirtschaftliche und gesellschaftliche Weiterentwicklung und Leistungsfähigkeit

Welche Arten der Arbeitslosigkeit werden unterschieden? ?

Friktionale Arbeitslosigkeit	Friktion = Reibung
	Friktionale/friktionelle Arbeitslosigkeit wird auch als **Sucharbeitslosigkeit** bezeichnet. Sie entsteht, da der Wechsel zwischen zwei Arbeitsplätzen meist mit kurzen Wartezeiten einhergeht.
	Voraussetzungen der friktionellen Arbeitslosigkeit:
	■ kurzfristig,
	■ Personen befinden sich im Suchprozess bis zum neuen Job,
	■ nicht länger als drei Monate (nach der Definition der Bundesagentur für Arbeit) und
	■ Arbeitsplatzangebot ist vorhanden.
	= **kurzzeitige, befristete Arbeitslosigkeit**
Saisonale Arbeitslosigkeit	In manchen Branchen, z.B. Baubranche, Tourismusbranche, Gastronomie, kommt es zu **saisonabhängigen Schwankungen des Arbeitskräftebedarfes**.
	Bei der saisonalen Arbeitslosigkeit wird mit speziellen sozialen Maßnahmen wie z.B. dem Schlechtwettergeld korrigierend eingegriffen.
	= **jahreszeitlich bedingte Arbeitslosigkeit** oder **witterungsbedingte Arbeitslosigkeit**
Konjunkturelle Arbeitslosigkeit	Im Falle eines Konjunkturabschwungs entsteht die konjunkturelle Arbeitslosigkeit aufgrund von volkswirtschaftlichem Ungleichgewicht von Angebot und Nachfrage.
	= **durch Konjunkturschwankungen bedingte Arbeitslosigkeit**
Strukturelle Arbeitslosigkeit	Unter struktureller Arbeitslosigkeit versteht man
	■ eine **langfristig** wirkende Arbeitslosigkeit,
	■ die **struktureller Natur** ist.
	Es herrscht ein grundlegendes Missverhältnis zwischen dem, was die Wirtschaft verlangt und dem, was der Arbeitsmarkt zu bieten hat. Dies stellt den schlimmsten Fall von Arbeitslosigkeit dar.
	= **durch Strukturwandel bedingte Arbeitslosigkeit**

Welche Instrumente und Maßnahmen kann der Staat zur Senkung der Arbeitslosigkeit einsetzen?

Folgende Instrumente bzw. Maßnahmen kann der Staat zur Senkung der Arbeitslosigkeit einsetzen:

Passive Arbeitsmarktpolitik	**Abschwächung von Folgen der Arbeitslosigkeit** durch
	z.B. Zahlung von Arbeitslosengeld und Arbeitslosenhilfe, Kurzarbeitergeld, Vorruhestandsregelungen, Förderung der ganzjährigen Beschäftigung in der Bauwirtschaft.
Aktive Arbeitsmarktpolitik	**Sicherung der Beschäftigung von Arbeitnehmern** durch
	z.B. Lohnbeihilfen; Maßnahmen zur Qualifizierung wie Fortbildung, Umschulung und Rehabilitation; Maßnahmen zur Eingliederung einzelner Personengruppen wie Überbrückungsgeld für Existenzgründer und Einstellungszuschuss bei Neugründungen; Arbeitsbeschaffungsmaßnahmen.
Angebotsorientierte Wirtschaftspolitik	**Stärkung von Privatinitiativen und der Leistungs– und Verantwortungsbereitschaft der Unternehmen** durch
	dauerhafte Verbesserung der Angebotsbedingungen in der Wirtschaft,
	z.B. durch Förderung von Investitionen sowie von Forschung und Entwicklung, motivierendes Steuersystem, Abbau von Wirtschaftshemmnissen, Förderung von Existenzgründungen.

? **Warum sollte der Staat Arbeitslosigkeit bekämpfen?**

Aus folgenden Gründen sollte der Staat Arbeitslosigkeit bekämpfen:

Individuelle Folgen der Arbeitslosigkeit	fehlende finanzielle Sicherheit
	■ psychologische und gesundheitliche Probleme
	■ fehlende soziale Anerkennung, sozialer Abstieg
	■ fehlende Perspektiven, Zukunftssorgen
	■ gesellschaftlich-kulturelle und soziale Isolation/ Stigmatisierung
	■ familiäre Spannungen und Konflikte
	■ Schuldgefühle
	■ Aggressivität
	■ gravierende Beeinträchtigung des Wohlstands bis hin zur Verarmung

Gesellschaftliche Folgen der Arbeitslosigkeit	■ weniger Lohnempfänger bedeuten weniger Steuerzahler und somit Verlust von Steuern und Sozialabgaben
	■ sinkende Haushaltseinkommen und damit Kaufkraftverluste sowie sinkende Konsumneigung
	■ höhere Kreditaufnahmen des Staates aufgrund höherer Sozialleistungen und höherer Kosten für Arbeitslosengeld I und II
	■ Reduzierung der Binnennachfrage
	■ sinkendes Wirtschaftswachstum, Produktionsrückgang und mehr Firmenschließungen aufgrund des Verlusts der Kaufkraft des Einzelnen
	■ Überschuldung von Privatpersonen und Unternehmen
	■ Verlust von Wohlstand und sozialem Frieden
	■ Anstieg der Kriminalität, wachsende Sozialprobleme und Konfliktpotenziale
	■ politische Instabilität

1.2 Einfluss von Konjunktur und Beschäftigung auf die Personalplanung und das Personalmarketing

Die gesamtwirtschaftliche Entwicklung eines Landes (= **Konjunktur**) hat einen entscheidenden Einfluss auf den Arbeitsmarkt und ist daher in die Personalplanung und bei der Personalbeschaffung eines Unternehmens miteinzubeziehen.

Der Personalbedarf eines Unternehmens ändert sich mit steigender oder fallender Konjunktur:

- Im **Aufschwung** nimmt die Beschäftigung tendenziell zu, sodass die Nachfrage nach Arbeitskräften hoch ist, das Einkommensniveau steigt und die Arbeitslosenquote sinkt.
- Bei **Konjunkturabschwung** und Depression ist das Angebot an Arbeitskräften größer als die Nachfrage, das Einkommensniveau sinkt und die Arbeitslosenquote steigt.

Im Aufschwung und in der Hochkonjunktur muss daher von Unternehmensseite mehr Wert auf eine vorausschauende Personalbedarfsplanung gelegt und entsprechend Personalmarketing betrieben werden.

BEACHTE

Der Zusammenhang zwischen Konjunktur, Personalplanung und Personalmarketing darf allerdings nicht überschätzt werden, da Personalplanung und Personalmarketing auf dem bestehenden Arbeitsmarkt oftmals kein ausreichendes Rekrutierungsfeld finden. Häufig werden Arbeitnehmer über unternehmensinterne Personalentwicklungsmaßnahmen qualifiziert und nicht unmittelbar über den externen Arbeitsmarkt beschafft.

Zudem ist die Aus– und Weiterbildung von Mitarbeitern bzw. die Beschaffung von Führungskräften mittel– bzw. langfristig angelegt und daher eher weniger konjunkturell beeinflussbar.

1.3 Personalplanung

Grundsätzlich versteht man unter Planung die gedankliche Vorwegnahme von Entscheidungen unter Berücksichtigung von Risiken und möglichen Veränderungen.

DEFINITION PERSONALPLANUNG

Personalplanung ist der Teil der Personalarbeit, in dem systematisch, vorausschauend und zukunftsorientiert alle wesentlichen Entscheidungen, die den „Faktor Arbeit" betreffen, gedanklich vorbereitet werden.

Welche Aufgaben soll eine effiziente Personalplanung erfüllen? ?

Aufgaben einer effizienten Personalplanung:

■ Ermittlung des erforderlichen Personals in der erforderlichen Anzahl, mit den erforderlichen Qualifikationen, zum richtigen Zeitpunkt, am richtigen Ort auf Grundlage der betrieblichen Erfordernisse.
Frühzeitiges Erkennen und Vermeiden von Personalengpässen.

→ **Personalbedarfsplanung**

■ Anforderungs- und eignungsgerechter Einsatz des Personals zum richtigen Zeitpunkt an richtiger Stelle zur optimalen Erfüllung der Aufgabe in quantitativer wie auch in qualitativer Hinsicht.
Optimale Auslastung der betrieblichen Kapazität.

→ **Personaleinsatzplanung**

■ Vorausschauende Beschaffung neuer Mitarbeiter intern und/oder extern. Rechtzeitige Personalanwerbung.

→ **Personalbeschaffungsplanung**

■ Frühzeitiges Erkennen von notwendigen Personalentwicklungsmaßnahmen, zur rechtzeitigen Reaktion auf zukünftige Arbeitsanforderungen und künftige Arbeitsgebiete.
Personalentwicklungsbedarf rechtzeitig erkennen und durch eine qualifizierte Belegschaft weitgehend unabhängig vom externen Arbeitsmarkt bleiben.

→ **Personalentwicklungsplanung**

■ Frühzeitige Anpassung der Mitarbeiter an veränderte beziehungsweise wachsende Anforderungen.
Personalüberdeckung frühzeitig feststellen und eine soziale und kostengünstige Personalanpassung ermöglichen.

→ **Personalanpassungsplanung**

- Personalüberdeckung frühzeitig feststellen und eine soziale und kostengünstige Personalanpassung ermöglichen.

  → **Personalabbauplanung**

- Einhaltung von Kostenplänen und Kostenverläufen.

  → **Personalkostenplanung**

BEACHTE

Die Personalplanung kann nicht losgelöst von anderen Teilbereichen der Unternehmensplanung gesehen werden, denn es bestehen **Zusammenhänge** mit anderen Kernbereichen der gesamten Unternehmensplanung.

Folgende Teilbereiche der Unternehmensplanung beeinflussen insbesondere die Personalplanung:

- Absatzplanung
- Produktionsplanung
- Finanzplanung
- Investitionsplanung
- Gewinnplanung
- Kostenplanung etc.

1.3.1 Arten/Teilbereiche der Personalplanung

Die Personalplanung lässt sich in eine Reihe von Teilaufgaben aufgliedern.

Man unterscheidet folgende Arten/Teilbereiche der Personalplanung:

1. Personalbedarfsplanung	■ Wie viele Mitarbeiter werden wann, wo, wie lange und mit welchen Qualifikationen benötigt? ■ Und wie viele Mitarbeiter sind schon beschäftigt? **Hinweis:** Die Personalbedarfsplanung ist das **Herzstück** der Planung. Aus ihr leiten sich alle anderen Teilbereiche der Personalplanung ab. **Denn,** wenn der Personalbedarf nicht exakt ermittelt wird, können gravierende Folgen auf das Unternehmen zukommen.

	Bsp.:
	■ Bei zu hoch ermitteltem Personalbedarf werden zu viele neue Mitarbeiter eingestellt, die dann kostenintensiv und imageschädigend wieder abgebaut werden müssen.
	■ Bei zu niedrig ermitteltem Personalbedarf werden nicht ausreichend Mitarbeiter eingestellt, sodass es zu Engpässen und Verspätungen bei der Auftragserledigung und bei den Lieferungen, sowie zu Mehrarbeit bei den Mitarbeitern kommt. Dies kann zu Kundenverlusten und zu Demotivation oder Überforderung bei den Mitarbeitern führen.
2. Personalbeschaffungsplanung	**Wie kann das erforderliche Personal rechtzeitig und vorausschauend beschafft und ausgewählt werden?**

Zu stellende Fragen:

→ Wann entsteht Bedarf? In welcher Höhe? Mit welchen Qualifikationen?

→ Wann müssen welche Personalbeschaffungsmaßnahmen eingeleitet werden?

Grundsätzliche Überlegungen bei der Personalbeschaffung:

Sollen die zur Verfügung stehenden freien Stellen **intern** (→ Aufstieg vor Einstieg?) **oder extern** besetzt werden?

■ **Interne Beschaffungsplanung:**
Welche und wie viele Arbeitskräfte sollen wann, wie lange und wohin versetzt bzw. befördert werden?

■ **Externe Beschaffungsplanung:**
Woher, wie und wann werden zusätzliche Arbeitskräfte eingestellt?

Vorteile interner Besetzung:

■ Steigerung der Motivation und der Arbeitszufriedenheit

■ Aufstiegschancen als Anreiz

■ Risikoverringerung durch den Arbeitgeber, da er den Arbeitnehmer und dessen Arbeitsweise über eine längere Zeit in Augenschein nehmen konnte und auch der Arbeitnehmer die Unternehmensorganisation und die zu besetzende Stelle kennt

■ Kostengünstiger für den Arbeitgeber, da geringere Beschaffungskosten bestehen

Nachteile interner Besetzung:

■ „Betriebsblindheit", keine neuen Impulse

■ Rivalität

■ Enttäuschung bei Nichtberücksichtigung

■ Ringtausch

■ Wegloben ist möglich

■ Evtl. mangelnde Akzeptanz, wenn ein ehemaliger Kollege Vorgesetzter wird

■ Evtl. hohe Fortbildungskosten

3. Personaleinsatz-planung	**Wie viele und welche Arbeitskräfte werden wann an welchem Arbeitsplatz eingesetzt?**
	Wie können die verfügbaren Mitarbeiter bestmöglich in den betrieblichen Leistungsprozess eingegliedert werden?
	Optimaler Einsatz der vorhandenen Mitarbeiterpotenziale im Unternehmen
	■ Wie bekommt man den richtigen Mitarbeiter auf die passende Stelle, unter Berücksichtigung ökonomischer Ziele und Bedingungen sowie mitarbeiterbezogener Ziele und Erwartungen?
	= Qualitative Personaleinsatzplanung
	durch Überprüfung der Arbeitsabläufe/-prozesse; Ermittlung der erforderlichen Qualifikationen; bestmögliche Zuordnung von Anforderungen und Qualifikationen; Anpassung der Fähigkeiten der Mitarbeiter an die Arbeitsanforderungen
	■ Wie kann man die Mitarbeiterpotenziale an schwankenden Arbeitsanfall anpassen?
	= Quantitative Personaleinsatzplanung
	durch Jahresarbeitszeitmodelle, Personalleasing, Job-Sharing und Teilzeitarbeit
4. Personalanpassungsplanung	Personalanpassungsplanung ist der **Oberbegriff für alle Maßnahmen, die sich aus der Personalbedarfsplanung ergeben,** wie
	■ **Beschaffung** bei Personalunterdeckung
	■ **Abbau** bei Personalüberdeckung
	■ **Personalentwicklung** bei Qualifikationsdefiziten
5. Personalentwicklungsplanung	**Welche und wie viele Bildungsmaßnahmen sind erforderlich, um neues oder vorhandenes Personal für vorgesehene Arbeitsplätze zu qualifizieren?**
	Zu stellende Frage:
	Wie kann man im Unternehmen systematisch vorgehen, damit gegenwärtige und zukünftige Anforderungen an Mitarbeiter und Arbeitsplatz mittel- bis langfristig gesichert werden und das Unternehmen folglich wettbewerbsfähig und erfolgreich wird?
	→ Feststellung des Entwicklungsbedarfs
	→ Prognose der Bildungserfordernisse
6. Personalfreisetzungsplanung/ Personalabbauplanung	**In welchem Bereich muss der Personalbestand verringert werden, und wie wird dieses Ziel umgesetzt?**
	Ergibt sich aus der Personalbedarfsplanung die Feststellung, dass ein Personalüberhang zu erwarten ist, ist der Personalbestand abzubauen.
	Zu stellende Fragen:
	→ In welchem Bereich muss Personal abgebaut werden?
	→ Wie können überzählige Mitarbeiter mit möglichst geringen Härten abgebaut werden?

7. Personalkosten-planung	Welche Kosten ergeben sich wo und in welcher Höhe aus den geplanten Personalmaßnahmen?
	Zu stellende Fragen:
	→ Wann sind wo welche Kosten in welcher Höhe entstanden?
	→ Wie werden sich die Kosten entwickeln?
	→ Wie sind die Kosten zu beeinflussen? Etc.
	Hinweis:
	Die Personalkosten setzen sich zusammen aus
	1. dem **Entgelt für die geleistete Arbeit** („direktes Arbeitsentgelt"), also Löhne und Gehälter sowie Zulagen und Zuschläge
	und
	2. den **Personalzusatzkosten** (= alle Aufwendungen des Arbeitgebers, die zusätzlich zum direkten Leistungsentgelt anfallen), z.B. Personalzusatzkosten aufgrund ...
	■ gesetzlicher Bestimmungen (wie Sozialversicherungsbeiträge),
	■ tariflicher Bestimmungen (wie 13. Gehalt) und
	■ freiwilliger Leistungen (wie Arbeitskleidung, Kinderbetreuung).
8. Personaleinar-beitungsplanung	Es bedarf einer detaillierten Einarbeitungsplanung, damit neue Mitarbeiter schnell fachlich und persönlich in das Unternehmen eingegliedert werden und folglich schneller produktiv arbeiten.

1.3.2 Ziele der Personalplanung

Ziel der Personalplanung ist, das erforderliche Personal für die Erfüllung aller bestehenden und zukünftigen Aufgaben eines Unternehmens

- ■ in der erforderlichen **Anzahl**
- ■ mit den erforderlichen **Qualifikationen**
- ■ zum richtigen **Zeitpunkt**
- ■ am richtigen **Ort**
- ■ unter Berücksichtigung der Kosten und individuellen Erwartungen und betrieblichen Erfordernissen

zur Verfügung zu stellen.

Hinweis:
Right man - right place - right time

Ziele der Personalplanung ...	
aus Sicht der Arbeitgeber	■ Bessere Verfügbarkeit des Produktionsfaktors Arbeit
	■ Höhere Effizienz des Unternehmens durch Einbindung der Personalplanung in die Unternehmensplanung
	■ Anforderungs– und eignungsoptimierter Einsatz des Personals
	■ Senkung der Personalbeschaffungskosten
	■ Transparenz und Überschaubarkeit von Kosten, Beständen, Strukturen und Entwicklungsbedarf
	■ Geringere Abhängigkeit vom externen Arbeitsmarkt
	■ Motivation der Mitarbeiter, Mitarbeiterzufriedenheit
	■ Wettbewerbsfähigkeit erhalten und verbessern
	■ Vorausschaubarkeit der Personalkostenentwicklung
aus Sicht der Arbeitnehmer	■ Durch Planung des Personalbedarfs nimmt die Sicherheit des Arbeitsplatzes zu, bzw. Um– oder Freisetzungen können reduziert werden; dadurch auch verbesserte Planungssicherheit der Arbeitnehmer
	■ Frühzeitige Möglichkeit der Anpassung an den technischen Wandel mit der Folge der Arbeitsplatzsicherheit
	■ Verbesserte Aufstiegschancen und Chancen beruflicher Aus– und Fortbildung durch bessere Transparenz des Personalbereichs; bessere Planbarkeit der eigenen Berufsentwicklung
	■ Anforderungs– und leistungsgerechtes Arbeitseinkommen, verbesserte Transparenz der Entgeltstrukturen
	■ Schnellere Reaktion auf Arbeitsplatzveränderungen
aus gesellschaftlicher Sicht	■ Geringere gesellschaftliche Belastung durch Vermeidung von ad-hoc-Personalentscheidungen
	■ Frühzeitige Information und Zusammenarbeit mit externen Stellen wie der Agentur für Arbeit
	■ Berücksichtigung gesetzlicher Vorschriften wie dem BetrVG
	■ Verknüpfung unternehmerischer und gesellschaftlicher Zielvorstellungen
	■ Versachlichung von Anpassungsmaßnahmen wie betriebsbedingte Kündigungen durch Transparenz und Information

Hinweis:

Die Personalplanung dient der Erreichung der Unternehmensziele und der Umsetzung der Unternehmensstrategie.

Welche Zeiträume werden bei der Personalplanung unterschieden? **?**

Personalplanung betrachtet unterschiedliche zeitliche Horizonte.

Im Normalfall unterscheiden sich folgende Zeiträume bei der Personalplanung:

Planungszeitraum	Erläuterung
Kurzfristiger Planungszeitraum/ operative Planung	**Die operative Personalplanung** ■ ist **kurzfristig**, detailliert, ablauforientiert, **bis ca. 1 Jahr,** bezieht sich also auf die nächsten Wochen und Monate, ■ beinhaltet konkrete Einzelmaßnahmen/ handlungsbezogene Feinziele zur Zielerreichung, ■ setzt die lang- und mittelfristigen Entscheidungen in **konkrete Handlungsanweisungen** um, ■ unterliegt nur einem geringen Risiko. <u>Bsp.:</u> ■ Personaleinsatzplanung: Welches (konkrete) Personal wird wann, wo und auf welchen Stellen am besten eingesetzt? Wie ist die aktuelle Personalverfügbarkeit? → Wöchentliche Planung des Personaleinsatzes der Mitarbeiter, Erstellung von Dienstplänen ■ Personalbedarfsplanung: Wie viel Personal, mit welcher Qualifikation benötigen wir im aktuellen Planungszeitraum auf welchen Stellen? ■ Personalbeschaffung: Welcher Bewerber entspricht dem Anforderungsprofil "Personalreferent" in der aktuellen Stellenausschreibung am besten? → Monatliche Planung des Einstellungsbedarfs

Planungszeitraum	Erläuterung
Mittelfristiger Planungszeitraum/ taktische Planung	**Die taktische Personalplanung** ■ ist mittelfristig, ca. 1 - 3 Jahre, ■ orientiert sich eng an den Zielvorgaben der strategischen Personalplanung und ist das Bindeglied zwischen der strategischen Planung und der operativen Personalplanung, ■ verteilt mittelfristig die langfristigen Vorgaben der Personalstrategie auf die verschiedenen Geschäftsbereiche (wie Abteilungen oder Gruppen) und ■ hat größere Plangenauigkeit als die strategische Planung; mittlerer Detaillierungsgrad. Bsp.: ■ Personalbeschaffungsplanung: Wie kann das benötigte Personal auf dem internen oder externen Arbeitsmarkt gewonnen werden? ■ Personalkostenplanung: Mit welchen Personalkosten habe ich in welchem Zeitraum zu rechnen? ■ Personalfreisetzungsplanung: Wie kann das Personal systematisch und mit geringen Kosten abgebaut werden? ■ Personalentwicklungsplanung: Aufbau eines E-Learning-Schulungskonzepts zur systematischen Weiterbildung und Entwicklung der vorhandenen Mitarbeiter ■ Nachfolgeplanung im Führungsbereich
Langfristiger Planungszeitraum/ strategische Planung	**Die strategische Personalplanung** ■ ist abstrakt und langfristig, größer 3 Jahre, ■ legt die Grundsätze der Personalpolitik und der Personalstrategien fest, ■ hat das Ziel, das Personal vorausschauend zu planen und zu entwickeln, um das Überleben und Wachstum des Unternehmens zu sichern, ■ legt die personelle Rahmenplanung entsprechend den Unternehmenszielen fest → Grobplanung, Strategieplanung, ■ wird in besonderem Maße von externen Faktoren bestimmt, wie technologische, gesamtwirtschaftliche und gesellschaftliche Entwicklung, ■ großer Unsicherheitsfaktor, denn je länger der Planungshorizont ist, desto größer ist die Ungenauigkeit der Planung.

Planungszeitraum	Erläuterung
Langfristiger Planungszeitraum/ strategische Planung (Forts.)	Bsp.: ■ Personalentwicklungsplanung: Welche Qualifikationen und Kompetenzen benötigen die Beschäftigten, um langfristig den Anforderungen gerecht zu werden? → Systematische Nachwuchsförderung von jungen Akademikern mit Führungsbegabung ■ Personalbedarfsplanung: Wo steht das Unternehmen langfristig bzw. wo möchte das Unternehmen in 3-5 Jahren sein und welche Mitarbeiter werden zur Erreichung der Unternehmensziele benötigt, um (in quantitativer, qualitativer, zeitlicher und räumlicher Hinsicht) gut aufgestellt zu sein, insbesondere im Hinblick auf Technologieveränderungen, Globalisierung und Internationalisierung? → Wenn das strategische Ziel die Marktführerschaft in 5 Jahren ist, muss der Personalbedarf in qualitativer und quantitativer Sicht zur Erreichung dieses Ziels ausgerichtet werden. ■ Personalkostenplanung: Wie entwickeln sich die Personalkosten langfristig? ■ Personalbeschaffungsplanung: Auf welchen Beschaffungswegen sind qualifizierte Fachkräfte für den strategischen Planungszeitraum zu rekrutieren?

Hinweis:

Mittel- bis langfristig wird sich in den Unternehmen einiges ändern, was auch in der operativen Planung Berücksichtigung finden muss. Denn, die Mitarbeiter ...

■ werden älter (→ demografischer Wandel),

■ suchen nicht nur einen Beruf, sondern eine Berufung (→ Wertewandel) und

■ wünschen sich die Vereinbarkeit von Familie und Beruf.

Woher bekommt man Informationen für die Personalplanung?

Die Ziele der Personalplanung können nur realisiert werden, wenn die dafür erforderlichen internen und externen Daten/Informationen als Planungsgrundlage zur Verfügung stehen.

Interne Daten für die Personalplanung	Externe Daten für die Personalplanung
■ Aktueller Personalstand ■ Altersstruktur ■ Qualifikation der Mitarbeiter ■ Fluktuationsquote ■ Fehlzeiten ■ Betriebszugehörigkeit ■ Entgeltstrukturen ■ Unternehmensdaten, wie Umsatzentwicklung, Marktanteile, Investitionspläne, Organisationspläne, Fertigungspläne ■ Organisatorische Veränderungen ■ Beschäftigungsdauer	■ Marktentwicklung ■ Arbeitsmarktlage ■ Tarifpolitik und Tarifentwicklung wie Arbeitszeit, Urlaub, Löhne ■ Finanz-, Steuerpolitik, Gesetzesentwicklungen wie Steuergesetze, Sozialgesetze, tarifrechtliche Rahmenbedingungen ■ Konjunktur ■ Bevölkerungsstruktur ■ Technische Entwicklung ■ Infrastruktur

1.3.3 Instrumente der Personalplanung

Die Hilfsmittel in der Personalplanung sind die sogenannten Instrumente, also die Möglichkeiten, die zur Organisation der Mitarbeiterplanung eingesetzt werden.

> **?** **Welche Instrumente/Hilfsmittel werden für die Umsetzung der Personalplanung vorgesehen und gestaltet?**

Im Folgenden werden einzelne Instrumente der Personalplanung beschrieben:

Stellenbeschreibung	Die Stellenbeschreibung beschreibt die Stelle verbindlich. Sie vermittelt die **wesentlichen Anforderungen, Aufgaben und Befugnisse der Stelle.** **In der Stellenbeschreibung sind die wesentlichen Inhalte einer Stelle aufgelistet wie ...** ■ Bezeichnung der Stelle, ■ Einordnung der Stelle in die Unternehmensorganisation, ■ Über-/Unterstellung, ■ Regelung der Stellvertretung, ■ Ziele der Stelle, ■ Hauptaufgaben, ■ Befugnisse/ Vollmachten, ■ Anforderungsprofil
Stellenplan	Der Stellenplan zeigt **alle Stellen eines Unternehmens zu einem bestimmten Zeitpunkt** auf, unabhängig ob sie besetzt sind oder nicht. Er kann als Organigramm oder in Listenform dargestellt werden. = **Soll-Charakter** = **Personen<u>un</u>abhängig**
Stellenbesetzungs-plan	Der Stellenbesetzungsplan basiert auf dem Stellenplan und zeigt, **ob und von wem die betreffende Stelle besetzt ist.** = **Ist-Charakter**
Anforderungsprofil	Unter einem Anforderungsprofil versteht man die systematische und detaillierte **Beschreibung der Art und Ausprägung der typischen und wesentlichen Arbeitsanforderungen einer Stelle,** denen der Stelleninhaber gerecht werden muss. = **Stellenbezogen**
Eignungsprofil	**Summe aller fachlichen und persönlichen Eignungen** eines Mitarbeiters oder Bewerbers. Das Eignungsprofil bildet das Gegenstück zum Anforderungsprofil. = **Mitarbeiterbezogen**
Laufbahnpläne/ Nachfolgepläne	**Laufbahnpläne:** Welche Positionen kann ein Mitarbeiter „normalerweise" schrittweise erreichen, wenn er bestimmte Qualifikationsmerkmale erfüllt? = **Vorstrukturierte allgemeine Karriereleiter** **Nachfolgepläne:** Gedanklich vorweggenommene konkrete Überlegungen zu einer Schlüsselstelle, die in absehbarer Zeit zu besetzen ist. = **Konkrete individuelle Nachfolgeüberlegungen**

Personalakten	Die Personalakten **bewahren für jeden Mitarbeiter sämtliche Personalunterlagen** - in sachlicher und zeitlicher Gliederung - **auf**.
	= **Sammlung der für das Arbeitsverhältnis relevanten Unterlagen durch den Arbeitgeber**
	Typische Inhalte der Personalakte:
	■ Personalbezogene Unterlagen und Vertragsunterlagen
	wie Bewerbungsunterlagen des Mitarbeiters (u.a. mit Arbeitszeugniskopien, Schulabschlusszeugnis, Berufsabschluss, Lebenslauf und evtl. Passbild), Arbeitsvertrag mit Stellenbeschreibung, Erklärung zu Nebenbeschäftigungen, Arbeitsvertragsänderungen, Versetzung, Beförderung, Vollmachten etc.
	■ Sozialversicherungs- und Steuerunterlagen
	Anmeldung zur Krankenkasse, Nachweis der monatlichen Krankenkassenbeiträge, Sozialversicherungsausweis/Ausweis zur Versicherungsnummer, ggf. Unterlagen zu Zusatzversorgungskasse, Nachweis zur Anlage vermögenswirksamen Leistungen, Nachweis für Kinderlose im Rahmen der Pflegeversicherung, Lohn- und Gehaltsbescheinigungen, Unterlagen zur Lohnsteuer etc.
	■ Kopien amtlicher Urkunden
	Kopie der Fahrerlaubnis (Führerschein), Kopie des Schwerbehindertenausweises, Pfändungs- und Überweisungsbeschlüsse etc.
	■ Sonstige Unterlagen
	Personalbogen, Urlaubsliste und Fehlzeitenübersicht, Leistungs- und Potenzialbeurteilungen, Nachweise über Weiterbildungen, Ermahnungen und Abmahnungen, Personalentwicklungsplan, Mitarbeitergesprächsprotokolle, etc.

1.4 Personalmarketing

DEFINITION PERSONALMARKETING

Als Personalmarketing wird die Übertragung des allgemeinen Marketinggedankens auf den Personalbereich bezeichnet, vor allem auf den Bereich der Personalbeschaffung. Hierbei wird sich besonders an den Interessen und Erwartungen potenzieller externer und interner Beschäftigter im Zusammenhang mit ihrer Beschäftigung orientiert.

→ Personalmarketing ist die **bewusste und zielgerichtete Anwendung personalwirt-schaftlicher Instrumente zur Akquisition von zukünftigen und Motivation von gegenwärtigen Mitarbeitern.**

Was versteht man unter internem und externem Personalmarketing? **?**

Beim Personalmarketing wird zwischen **internem Personalmarketing und externem Personalmarketing** unterschieden.

Internes Personalmarketing	Externes Personalmarketing
Das interne Personalmarketing bezieht sich auf **vorhandenes Personal.**	Das externe Personalmarketing bezieht sich auf **neu zu gewinnendes Personal.**
■ Maßnahmen gegenüber internen Mitarbeitern ■ Vorhandene Mitarbeiter sollen langfristig und emotional an das Unternehmen gebunden werden	■ Maßnahmen gegenüber potenziellen externen Mitarbeitern ■ Bewerber sollen das Unternehmen als attraktiven Arbeitgeber wahrnehmen

---

Welche Informationsgrundlagen eines erfolgreichen Personalmarketings werden unterschieden? **?**

■ Kenngrößen
■ Statistiken
■ Mitarbeiterbefragung
■ Konkurrenzanalyse
■ Arbeitgeberimage

Kenngrößen	Kenngrößen beschreiben eine **betriebs- oder volkswirtschaftliche Kennzahl.** **Kenngrößen sind u.a.:** Anzahl Bewerbungseingänge, Anzahl Initiativbewerbungen, Anzahl interner Bewerbungen, Anzahl nicht besetzter Stellen, erforderliche mehrmalige Stellenausschreibungen, Werbungskosten, Dauer von der Personalanforderung bis zur Einstellung, Kosten pro Stellenbesetzung
Statistiken	Unter Statistik versteht man **Methoden zur Gewinnung, Beschreibung, Umgang und Analyse von quantitativen, empirischen Daten/Informationen.** Sie verbindet systematisch Empirie (= Erfahrung) und Theorie. **Auswerten von Statistiken im Rahmen des Personalmarketings, z.B.** „Wie viele Absolventen der gewünschten Fachrichtung werden in den nächsten Jahren ihre Hochschulausbildung abschließen und dem Arbeitsmarkt zur Verfügung stehen?" **Zweck der Statistik:** Die Statistik … ■ dient der Entscheidungsvorbereitung und Erkenntnisfindung, indem sie Vorhersagen zukünftiger Ereignisse auf Basis aktueller Gegebenheiten macht, ■ stellt kompakt die gewonnenen Daten dar und ■ bestätigt oder widerlegt eine Hypothese.
Mitarbeiterbefragung	Unter einer Mitarbeiterbefragung versteht man ein Verfahren der Unternehmensanalyse, mit dem **Ansichten, Einstellungen und Wünsche von Mitarbeitern im Unternehmen erhoben** werden. **Ziel der Mitarbeiterbefragung ist es, herauszufinden,** ■ was die Mitarbeiter am Unternehmen schätzen, ■ welche betrieblichen Schwächen bestehen, ■ was die Mitarbeiter vom Unternehmen erwarten und ■ welches Weiterbildungsinteresse besteht. Zu stellende Fragen: ■ Was bieten wir unseren Mitarbeitern? ■ Welche Besonderheiten hat unser Unternehmen, das uns von den Mitkonkurrenten abhebt? ■ Warum sollte ein potenzieller Mitarbeiter gerade in unserem Unternehmen anfangen? ■ Welche Ansprüche stellen aktuelle und potenzielle Mitarbeiter an ihren Arbeitsplatz? ■ Besteht die Bereitschaft der Mitarbeiter, sich weiterzuqualifizieren?

Konkurrenz-analyse	Die Konkurrenzanalyse dient dazu, möglichst **umfassende Informationen über Mitbewerber zu erlangen.**
	Ziel hierbei ist es, Informationen über tatsächliche und potenzielle Konkurrenten und deren Stärken und Schwächen zu analysieren, um hieraus nützliche und entscheidungsrelevante Erkenntnisse und Wettbewerbsstrategien für das eigene Unternehmen zu gewinnen.
	Zu stellende Fragen:
	■ Welche tatsächlichen bzw. potenziellen Konkurrenten gibt es?
	■ Welche Marketing-Strategie (z.B. im Hinblick auf aktuell im Unternehmen tätige Mitarbeiter und auf potenzielle Bewerber) haben die Wettbewerber?
	■ Worin liegt der Wettbewerbsvorteil des Unternehmens im Vergleich zu den Konkurrenten? (→ Herausarbeiten des Wettbewerbsvorteils)
Arbeitgeber-image	Das positive Arbeitgeberimage dient als **Indikator** für die Einschätzung des Unternehmens als **attraktiver Arbeitgeber.**
	Denn, Unternehmen, die ein positives Arbeitgeberimage haben, finden leichter neue Mitarbeiter.
	Zu stellende Fragen:
	■ Wie attraktiv ist das Unternehmen für externe Bewerber?
	■ Warum soll sich ein externer Bewerber für uns entscheiden?

1.4.1 Ziele des Personalmarketings

Der grundsätzliche Bedarf an Personalmarketing wird unter anderem durch das Verhältnis von Angebot und Nachfrage hinsichtlich der Faktoren „Arbeit" und „Arbeitsplätze" bestimmt.

Das heißt:
Je weniger qualifizierte Bewerbernachfrage nach Arbeit und Arbeitsplätzen besteht, desto größer ist der Bedarf an Personalmarketing.

Primäres Ziel des Personalmarketings:

Schaffung von Voraussetzungen zur mittel- und langfristigen Sicherung der Versorgung eines Unternehmens mit qualifizierten und motivierten vorhandenen und potenziellen Mitarbeitern.

Ziele des internen Personalmarketings	Ziele des externen Personalmarketings
Mitarbeiterbindung bzw. Bleibemotivation	**Unternehmensattraktivität**
Unterziele des internen Personalmarketings: ■ Steigerung der Identifikation und Loyalität der Mitarbeiter gegenüber dem Unternehmen ■ Senkung der Fluktuationsrate im Unternehmen, Verringerung der Wechselbereitschaft vorhandener Mitarbeiter ■ Steigerung der Mitarbeiterzufriedenheit ■ Förderung entwicklungsfähiger Mitarbeiter durch entsprechende Personalentwicklungsmaßnahmen; Bildung eines internen Pools von potenziellen Nachwuchsführungskräften	**Unterziele des externen Personalmarketings:** ■ Steigerung des Bekanntheitsgrades des Unternehmens ■ Positives Arbeitgeberimage am Arbeitsmarkt ■ Sicherstellen eines langfristig ausreichenden externen Bewerberpotenzials ■ Senkung der Kosten für Personalwerbung durch Erhöhung der Initiativbewerbungen ■ Bessere Gestaltung der Personalauswahl durch Steigerung der Qualität der Bewerber ■ Verkürzung der Vakanzzeit einer offenen Stelle
→ **Motivationsfunktion**	→ **Akquirierungsfunktion** → **Profilierungsfunktion**
Bindung von vorhandenen Mitarbeitern durch ... ■ Auf– und Ausbau eines positiven Leitbildes des Unternehmens (Image) ■ Entwicklung und Weiterbildung der Mitarbeiter, Aufbau interner Nachwuchskräfte, ansprechende Karrieremöglichkeiten ■ gerechte Vergütung ■ Leistungsanreize ■ gutes Unternehmensklima und transparente Kommunikation ■ soziale Leistungen des Unternehmens ■ Förderung der Loyalität und Verbindung der vorhandenen Mitarbeiter gegenüber dem Unternehmen ■ Bekämpfung der Gründe für Fluktuation und deren Verbesserung ■ Steigerung der Mitarbeiterzufriedenheit	**Gewinnung neuer Mitarbeiter durch ...** ■ Steigerung des Bekanntheitsgrades und des positiven Images des Unternehmens am Arbeitsmarkt ■ Imageanzeigen, Filme, Video und Broschüren über das Unternehmen, Internetauftritt ■ Durchführung von Events wie Beteiligung an (Recruiting-)Messen, Firmenbesichtigungen, Tag der offenen Tür ■ Vergabe von Praktika, Diplomarbeitsthemen und Bachelor-Arbeiten ■ Traineeprogramme und Traineestudium ■ Kontakte zu Universitäten, Fachhochschulen und Weiterbildungseinrichtungen ■ Initiativbewerbungen, die eine ausreichende Reserve an Bewerbungseingängen sicherstellt und die Recruitingkosten nachhaltig senkt

---

Welche Funktionen hat das Personalmarketing?   **?**

Typische Funktionen des Personalmarketings:

- **Akquisitionsfunktion/Akquirierungsfunktion**

  Durch eine attraktive, aber auch authentische Darstellung des Unternehmens werden externe Bewerber motiviert, sich genau bei diesem Arbeitgeber zu bewerben.

- **Profilierungsfunktion (→ Arbeitgeberimage, Arbeitgeberattraktivität)**

  Das Unternehmen muss seine Besonderheiten herausarbeiten, um sich auf dem Arbeitsmarkt bei potenziellen Mitarbeitern durch zielgruppenspezifische Aspekte wiedererkennbar zu positionieren.

- **Motivationsfunktion**

  Möglichst viele interne Mitarbeiter sollen sich für ihr Unternehmen begeistern, damit sie sich dem Unternehmen verbunden fühlen und überzeugend nach außen auftreten.

1.4.2 Instrumente des Personalmarketings

Für Unternehmen wird es zunehmend schwieriger, sich in ihren Märkten, die oftmals unübersichtlich und/oder auch hart umkämpft sind, klar und wiedererkennbar zu positionieren, um somit von der gewünschten Mitarbeiterzielgruppe wahrgenommen zu werden.

Durch die folgenden Instrumente des Personalmarketings sollen insbesondere potenzielle Bewerber auf das Unternehmen aufmerksam gemacht werden. Das Unternehmen soll als attraktiver Arbeitgeber dargestellt werden, um neue Mitarbeiter zu gewinnen.

Folgende Instrumente des Personalmarketings werden unterschieden:

1. Leistungspolitik
2. Entgeltpolitik
3. Kommunikationspolitik

Instrumente des Personalmarketings

1. Leistungspolitik

Bei der Leistungspolitik geht es um die zielgruppen-gemäße Gestaltung des Arbeitsplatzangebots und Arbeitsumfelds.

- Aufgabeninhalte/ Stellenprofil
- Grad der Entscheidungs-kompetenzen
- Weiterbildung, Perspektiven und Karriere
- Arbeitsumfeld und Unternehmensstruktur
- Einordnung der Tätigkeit in die Unternehmenshier-archie

2. Entgeltpolitik

Bei der Entgeltpolitik geht es um die „bindungswirksame" Gestaltung der Vertragsbedingungen.

- Gehalt (Höhe, Struktur)
- Freiwillige Zusatzleis-tungen
- Sozialleistungen
- Gehaltsentwicklung
- Beteiligung am Unternehmensgesam-terfolg

3. Kommunikations-politik

Bei der Kommunikationspoli-tik geht es um die Festlegung der zu kommunizierenden Inhalte - aus Leistungs- und Entgeltpolitik sowie die zielgruppenspezifische Auswahl der dazu erforderli-chen Medien.

- Stellenanzeigen
- Kontakt zu Personal-beratern
- Internet
- Personalimagewerbung
- Bewerberservice/-pflege
- Betriebsbesichtigungen, Vorträge, Tag der offenen Tür
- Vergabe von Praktika, Job als Werkstudent, Diplomarbeit und Bachelor-Arbeiten
- Beteiligung an Recruiting-Messen
- Kontakt zu Hochschulen

1.4.3 Aufgaben des Personalmarketings

Was sind die Aufgaben des Personalmarketings? **?**

1. Analyse der zukünftigen Personalbedarfssituation

- Quantitativer Personalbedarf
- Qualitativer Personalbedarf

2. Erstellung eines konkreten Personalmarketingkonzeptes, das sich an der Unternehmenspolitik und an der Personalstrategie orientiert

- Welche Ziele sollen erreicht werden?
- Welche Zielgruppe soll erreicht werden?
- Welche Mittel stehen zur Verfügung?
- Welche Maßnahmen sollen durchgeführt werden?
- Welche Instrumente sollen genutzt werden, um mit den vorhandenen Mitteln den bestmöglichen Erfolg zu erzielen?
- Wie kann die Attraktivität des Unternehmens bei Bewerbern erhöht werden?

3. Umsetzung des Bedarfs in konkrete Marketing-Aktivitäten

Einsetzen der Instrumente des Personalmarketings, um das Unternehmen als attraktiven Arbeitgeber für potenzielle Bewerber zu positionieren

4. „After-Sales-Service"

- Einarbeitung der neuen Mitarbeiter
- Begleitung und Betreuung der neuen Mitarbeiter
- Schnelle Einbindung der neuen Mitarbeiter in die Teams

1.4.4 Internationale Aspekte des Personalmarketings

? Warum sollten beim Personalmarketing internationale Aspekte einbezogen werden?

Hintergründe der Einbeziehung internationaler Aspekte des Personalmarketings:

- Es besteht ein weltweiter Tausch von Wirtschaftsgütern und Dienstleistungen aller Art.
- Unternehmen sind oft international aufgestellt, um günstige Standortfaktoren - zum Zwecke der Kostenminimierung und Erlösmaximierung - zu nützen.
- In der EU selbst ist der freie Warenverkehr, der Transportverkehr und der freie Personenverkehr (d.h. die Freizügigkeit der EU-Arbeitnehmer, in der EU ohne Arbeitserlaubnis zu arbeiten) erreicht.
- Je spezieller das gesuchte Know-how ist, desto schwerer ist es, eine Stelle zu besetzen. Hier kann eine grenzüberschreitende Personalsuche Erfolg bringen.

? Was versteht man unter „internationalen Aspekten des Personalmarketings"?

Unter internationalem Personalmarketing versteht man die Schaffung von Voraussetzungen zur Sicherung der Versorgung eines Unternehmens mit qualifizierten und motivierten Mitarbeitern im internationalen Bereich.

Personalmarketing im internationalen Bereich beschäftigt sich daher mit Strategien und Maßnahmen, die erforderlich sind, um

- **Arbeitnehmer im Ausland zu werben oder**
- **eigene Mitarbeiter ins Ausland zu entsenden**, sowie deren Integration nach ihrer Rückkehr zu erleichtern.

? Welche Besonderheiten sind vor dem Hintergrund einer internationalen Ausrichtung des Unternehmens zu beachten?

Grundsätzlich werden Mitarbeiter national wie international mit gleichen Instrumenten geworben, sodass das internationale Personalmarketing mit dem nationalen Personalmarketing gleichzusetzen ist.

Allerdings muss im internationalen Kontext zusätzlich Folgendes berücksichtigt werden:

- **Unterschiedliche Wertvorstellungen,**
  dazu zählen unterschiedliche Normen, Werte, Traditionen, Riten, unterschiedliches

kulturspezifisches Wissen, unterschiedliche Kommunikationsstruktur und -kultur, sowie unterschiedliche Unternehmenskulturen, unterschiedliche Qualitätsstandards

→ Kulturelle Gepflogenheiten

→ Geschichte und Gleichstellung von Mann und Frau

- **Unterschiedliche rechtliche Hintergründe**
  wie unterschiedliches Arbeitsrecht im jeweiligen ausländischen Zielland, Arbeitnehmer-schutzgesetze im Zielland, Formen der Mitbestimmung und Gewerkschaftsarbeit im Zielland, Stabilität des Regierungssystems, Gleichstellung von Mann und Frau

- **Länderspezifische Beschaffungsstrategien**
  wie unterschiedliche Bewerbungsgepflogenheiten, von nationalen Eigenheiten geprägte Personalmärkte

  → Kulturelle Anpassung der Beschaffungsstrategien und der Marktansprache

- **Unterschiedliche Sprachen und Sprachkenntnisse**
  Wenn das Unternehmen Arbeitnehmer im Ausland werben möchte, müssen z.B. Auswahl-verfahren in der jeweiligen Landessprache, also in einer Fremdsprache, abgehalten werden

  → Sprachkenntnisse des Ziellandes sind ein absolutes Muss!

- Unterschiedliche Ausbildungssysteme, Ausbildungsniveaus
- Lohnniveau, Währung, Kaufkraft und Wechselkurs

Hinweis:

Ausländische Fach- und Führungskräfte tragen grundsätzlich neue Impulse ins Unternehmen, denn sie bringen eine andersartige Vorbildung und unterschiedliche kulturelle Prägungen mit. Dadurch ergibt sich bei der internationalen Zusammenarbeit in der Regel ein Zugewinn an Leistungs- und Innovationsfähigkeit.

Welche typischen Instrumente des internationalen Personalmarketings werden unterschieden? **?**

Instrumente des internationalen Personalmarketings:

- Auftritte bei internationalen Messen/Recruiting-Messen
- Kontakte zu international ausgerichteten Hochschulen
- Praktika für ausländische Studenten bzw. für Ausländer
- Publikationen und Imageanzeigen bei internationalen oder landesspezifischen Messen
- Inserate in fachbezogenen landesspezifischen Zeitschriften bzw. Stellenanzeigen in inter-nationalen oder landesspezifischen Internet-Jobbörsen
- Vorträge an ausländischen Schulen und Hochschulen
- Unternehmensbroschüren in verschiedenen Fremdsprachen
- Veröffentlichung von Stellenangeboten in ausländischen Datenbanken/Portalen
- Teilnahme an Job-Börsen im Ausland
- Informationsveranstaltungen für potenzielle Bewerber im Ausland

Was erfordert und was bietet die internationale Arbeitsteilung?

Internationale Arbeitsteilung erfordert …	Internationale Arbeitsteilung bietet …
■ eine erhöhte Mobilität der Mitarbeiter sowie hohe Qualifikationen ■ die Auseinandersetzung mit den (politischen, kulturellen, rechtlichen, ökonomischen) Rahmenbedingungen des Gastlandes, um die Mitarbeiter auf den Auslandseinsatz perfekt vorzubereiten	■ Anreize für Mitarbeiter und Bewerber, die die Möglichkeit bekommen, eine Zeit lang im Ausland zu arbeiten, mit vertraglich zugesicherter Rückkehrgarantie ■ Erhöhung der Attraktivität des Unternehmens durch internationales Image

2

Personalwirtschaftliche Ziele aus der strategischen Unternehmensplanung ableiten

2.1 Strategische Unternehmensplanung

BEACHTE

Strategische Ziele sind überwiegend **globale Ziele** wie Geschäftsfelder, Produktprogramme, Organisationsstruktur, Standortwahl etc.

 Welche Ebenen der Unternehmensplanung werden unterschieden?

Ebenen der Unternehmensplanung	Gegenstand der Unternehmensplanung
Generelle Zielplanung	**Festlegung von Leitlinien/ der Unternehmenskonzeption** „Wer wollen wir sein?"
Strategische Unternehmensplanung	**Die strategische Unternehmensplanung legt insbesondere Folgendes fest:** ■ Langfristige grundsätzliche Unternehmensziele und langfristige Unternehmenspolitik, ■ die Abgrenzung der Märkte, Standortwahl, ■ die Definition der strategischen Ziele und der Geschäftsfelder, Ermittlung der Erfolgspotenziale des Unternehmens, also die grundsätzliche Entwicklungsrichtung des Unternehmens als Ganzes, ■ langfristige Produktprogramme und ■ die Verteilung der Ressourcen auf die strategischen Geschäftsfelder. <u>Bsp.:</u> ■ Steigerung des Marktanteils (oder Umsatz, Ertrag, Wachstum) um 15 % bis zum Jahr 2024 ■ Erhöhung des Bekanntheitsgrades um 25 % bis zum Jahr 2024

Ebenen der Unternehmensplanung	Gegenstand der Unternehmensplanung
Operative Unternehmensplanung	**Kurzfristige bis mittelfristige Planung in den einzelnen Funktionsbereichen** ■ Kurzfristige Ergebnis– und Finanzplanung in betriebswirtschaftlichen Kennziffern ■ Operative Ziele sind z.B. Umsatz, Gewinn, Marktanteil, Rendite, Produktivität

2.1.1 Ziele der strategischen Unternehmensplanung

Welche Ziele verfolgt die strategische Unternehmensplanung? ?

Festlegung **langfristiger** Unternehmensziele und der langfristigen Unternehmenspolitik unter Berücksichtigung der Konjunktur, der Kunden und der Wettbewerber.

Fragestellung der strategischen Unternehmensplanung:

→ Auf welchen **Märkten**,

→ mit welchen **Produkten**,

→ mit welchen **Wettbewerbern** und

→ mit welchen **Arbeitskräften**

kann das Unternehmen auch morgen erfolgreich sein?

2.1.2 Instrumente der strategischen Unternehmensplanung

Welche Instrumente der strategischen Unternehmensplanung werden unterschieden? ?

Techniken	Instrumente der Unternehmensplanung
Umfragetechniken	■ Kundenbefragung
Vergleichstechniken	■ Benchmarking

Techniken	Instrumente der Unternehmensplanung
Analysetechniken	■ Portfolio-Analyse ■ Stärken-/Schwächen-Analyse ■ Chancen-Risiken-Analyse ■ Break-even-Analyse ■ Produktlebenszyklus-Analyse ■ Wertschöpfungsanalyse
Problemlösungs– und Kreativitätstechniken	■ Brainstorming ■ Brainwriting ■ Morphologischer Kasten ■ Abstraktion ■ Bionik
Planungstechniken	■ Szenario-Technik ■ Metaplan-Technik/Netzplantechnik ■ Diagrammtechniken (wie Ishikawa-Diagramm, Mindmapping)

? Welche Analysetechniken werden im Einzelnen unterschieden?

Portfolio-Analyse	Die Portfolio-Analyse ist ein Instrument der strategischen Unternehmensplanung. Es werden dabei Unternehmensstrategien formuliert und deren Chancen und Risiken sowie Stärken und Schwächen visualisiert und auf ihre Zweckmäßigkeit im Geschäftsalltag überprüft. Ziel ist es, die notwendigen Strategien und die optimale Richtung des Unternehmens zu bestimmen und dadurch die Unternehmungsaktivitäten in solche Geschäftsfelder zu lenken, in denen günstige Marktaussichten und Wettbewerbsvorteile bestehen.
Stärken-Schwächen-Analyse	Mit der Stärken-Schwächen-Analyse werden Potenziale und Schwachstellen des eigenen Unternehmens untersucht.
Chancen-Risiken-Analyse	Durch die Chancen-Risiken-Analyse lässt sich feststellen, wie das Unternehmen zu den Veränderungen der Umwelt steht und wo eine Anpassung vorgenommen werden muss. Dabei wird die Umwelt und alle relevanten Märkte unter Einbezug aller Konkurrenten (Wettbewerb) anhand bestimmter Kriterien betrachtet.

Produktlebenszyklus	Der Produktlebenszyklus ist der Prozess zwischen der Markteinführung bzw. Fertigstellung eines marktfähigen Gutes bis zu seiner Herausnahme aus dem Markt.
Break-even-Analyse	Mithilfe der Break-Even-Analyse (= **Gewinnschwellenanalyse**) kann der Punkt aufgezeigt werden, der die Gewinn- von der Verlustzone trennt (→ **Break-Even-Point**). Der Break-Even-Point ist der Punkt, an dem **Gewinn und Kosten gleich hoch** sind.
Wertschöpfungsanalyse	Unter betrieblicher Wertschöpfung versteht man den wertmäßigen Unterschied zwischen den Vorleistungen, die der Betrieb zur Erzeugung oder Veredelung seiner Leistungen braucht, und den vom Betrieb erzeugten und abgesetzten Gesamtleistungen. **Wertschöpfung = Betriebliche Gesamtleistung minus Vorleistungen** Mittels der Wertschöpfungsanalyse wird **betriebsintern die Wertschöpfungskette je Produkt analysiert, um strategische Erfolgspotenziale aufzudecken** und um anschließend Ziele und Strategien für die verschiedenen Produkte/ Unternehmensbereiche zu formulieren, z.B. neue Strategie: Ausgliederung von Fertigungsstufen.

Welche Problemlösungs- und Kreativitätstechniken werden unterschieden? **?**

Brainstorming	Brainstorming ist abgeleitet von „using the brain to storm a problem" (d.h. wörtlich übersetzt: „Das Gehirn zum Sturm auf ein Problem zu verwenden"). **Ziele des Brainstormings:** ■ In einer Gruppe von Menschen neue und ungewöhnliche Ideen durch freie Ideengenerierung fördern und erzeugen ■ Synergetische Effekte durch kreative Gruppenarbeit **Vorgehen beim Brainstorming:** **Phase 1:** Die Teilnehmer sollen ohne jede Einschränkung Ideen produzieren und sich gegenseitig inspirieren, indem sie bereits geäußerte Ideen aufgreifen und kombinieren. Die Ideen werden von einem vorher bestimmten Protokollanten für alle sichtbar niedergeschrieben. **Phase 2:** Ergebnisse sortieren und bewerten, d.h., die Ideen werden gruppiert und in der Gruppe bewertet.

Brainstorming (Forts.)	**Regeln des Brainstormings:** ■ Jeder soll Ideen frei äußern können; jeder soll alle Ideen, auch absurde, positiv aufnehmen und weiterspinnen ■ Kritik und Killerphrasen sind in der ersten Phase untersagt Wichtig: Eine Bewertung der Ideen erfolgt erst in der zweiten Phase, denn die Phase der Bewertung soll von der Phase der Ideensuche getrennt sein ■ Ideen sollen schriftlich festgehalten werden ■ Geistiges Eigentum gehört allen; jeder Beitrag zählt ■ Quantität geht vor Qualität, d.h. so viele Ideen wie möglich **Vorteile des Brainstormings:** ■ Einfach zu handhaben, wenig Vorbereitungsaufwand ■ Viele (auch ungewöhnliche) Ideen in kurzer Zeit ■ Förderung von Teamarbeit ■ Synergieeffekte, gute gegenseitige Anregung (→ Gruppendynamik)
Brainwriting	Beim "Brainwriting" werden, im Gegensatz zum "Brainstorming", die Ideen nicht verbal geäußert, sondern von jedem Teilnehmer auf ein Stück Papier bzw. auf Karten geschrieben. → **schriftliche Ideensammlung** Diese Methode hat den Vorteil, dass es schüchterne bzw. ruhige Gruppenteilnehmer leichter haben, ihre Ideen einzubringen. **Vorgehen beim Brainwriting:** **Phase 1:** Entwickeln von (schriftlichen) Ideen und der Schaffung von Assoziationen. **Phase 2:** Ergebnisse sortieren und bewerten, d.h., die Ideen werden gruppiert und in der Gruppe bewertet. **Regeln des Brainwritings:** ■ Quantität geht vor Qualität ■ Keine Kritik oder Bewertung der Ideen während der 1. Phase
Morphologischer Kasten	**Ziele des morphologischen Kastens:** ■ Neuartige Kombination vorhandener Informationen ■ Untergliederung einer Gesamtlösung in mehrere Parameter mit unterschiedlichen Ausprägungen **Vorgehen beim morphologischen Kastens:** 1. Für eine Fragestellung werden die bestimmenden Merkmale festgelegt und untereinander geschrieben. 2. Dann werden alle möglichen Ausprägungen des jeweiligen Merkmals rechts daneben geschrieben, wodurch eine Matrix entsteht. 3. Danach wird aus jeder Zeile eine Ausprägung des Merkmals gewählt. Mit dieser Kombination von Ausprägungen werden Ideen entwickelt.

Bionik	Das Wort Bionik ist ein Kunstwort und kombiniert die Begriffe Biologie und Technik.
	Die Bionik beschäftigt sich mit der Entschlüsselung von „Erfindungen der belebten Natur" und ihrer innovativen Umsetzung in der Technik.
	Im Laufe der Evolution hat die Natur viele optimierte Lösungen für bestimmte mechanische, strukturelle oder organisatorische Probleme entwickelt.
	■ Bei der Bionik werden Betrachtungen der Natur vorgenommen, die vorhandenen natürlichen Lösungen analysiert und dabei Prinzipien festgestellt, die als Vorlage dienen und/oder für das Problem übernommen werden.
	■ Fragestellung: **„Was lässt sich von der Natur lernen?"**
	Beispiele:
	■ Pflanzen: **Lotuspflanze** diente als Vorbild für die Oberflächenbeschichtung von Materialien („Lotusblatteffekt" - Unbenetzbarkeit und Selbstreinigung); **Klette** diente als Vorbild für den Klettverschluss; **Wiesenbocksbart** diente als Vorbild für den Fallschirm; **Flügelfrucht des Ahorns** diente als Vorbild für den Propeller etc.
	■ Tiere: **Flügel** oder sonstige Eigenschaften von Vögeln dienten als Vorbild für den Flugzeugbau; das **Fliegenauge** diente als Vorbild dem Roboterauge; die **Haifischhaut** diente als Vorbild für Flugzeughaut und Schwimmanzug; **Giftstachel** diente als Vorbild für Spritzen etc.
Progressive Abstraktion	Bei der progressiven Abstraktion entfernt man sich vom Problem, indem man das **Problem auf der nächsthöheren Ebene** sucht.
	Dies geschieht durch die Fragen:
	■ **Wofür ist das eigentlich gut?**
	■ **Wie könnte das noch gehen?**

Was versteht man unter der Planungstechnik „Netzplantechnik"? **?**

Netzplantechnik	Ein Netzplan ist eine **grafische oder tabellarische Darstellung von Abläufen bzw. Vorgängen und deren Abhängigkeiten.**
	Zweck der Netzplantechnik:
	Planung und Darstellung der zeitlichen und (sach-)logischen Beziehungen zwischen mehreren Vorgängen zur Steuerung und Überwachung von Abläufen (→ **Zeitplanung und Reihenfolgeplanung**).

Benchmarking	= Branchenvergleich
	Lernen vom Branchenprimus (vom Besten) durch Vergleich des eigenen Unternehmens mit diesem.
	Ziel:
	Durch Vergleich von Systemen und Vorgehensweisen mit dem Branchenprimus das eigene Unternehmen zu verbessern.
	<u>Beispiele:</u>
	■ Vergleich der Prozesse im eigenen Unternehmen
	■ Konkurrenzvergleiche
	■ Vergleich von Prozessen und Produkten branchenfremder Unternehmen
	■ Vergleich mit Statistiken
	Hinweis:
	In *Kapitel 5.4.3.1 Benchmarking auf Seite 165* wird das Thema ausführlich erläutert.

2.2 Einfluss der strategischen Unternehmensplanung auf personalwirtschaftliche Ziele

Wie ist die strategische Personalplanung in die strategische Unternehmensplanung eingebunden? **?**

Personalstrategie als integrativer Bestandteil der Unternehmensstrategie, d.h.,

- **gegenseitige Beeinflussung und wechselseitige Abhängigkeit** der strategischen Personalplanung und der strategischen Unternehmensplanung.

- die Personalstrategie wird aus den langfristigen Zielen der Unternehmensstrategie **abgeleitet.**
  Z.B. Welches Personal benötigen wir, um die Unternehmensstrategie umzusetzen?

- die Personalabteilung als **Unterstützer** strategischer Unternehmensziele.

  Denn, die Personalabteilung kann nur durch die Auseinandersetzung mit unternehmerischen Zielen und Visionen und durch die Entwicklung und Umsetzung einer Personalstrategie auf Basis der Unternehmensstrategie den Unternehmenserfolg unterstützen. Aber, dazu ist ein permanenter Austausch beider Bereiche notwendig.

Was bietet die strategische Personalplanung auf Basis der Unternehmensstrategie? **?**

Die strategische Personalplanung auf Basis der Unternehmensstrategie ermöglicht z.B.

- **eine gezielte Personalentwicklung,**
  denn die Unternehmensstrategie gibt vor, welche Qualifikationen in den kommenden Jahren erforderlich sind.

- **eine gut durchdachte Personalbedarfsplanung,**
  also die Ermittlung des erforderlichen Personalbedarfs zur Erreichung der Unternehmensziele und Analyse der vorausschauend zu erwartenden Überdeckung bzw. Deckung und Unterdeckung in quantitativer, qualitativer, zeitlicher und räumlicher Hinsicht.

- **eine strategieorientierte Erstellung neuer Stellen,**
  denn nur mit der exakten Kenntnis der Unternehmensstrategie, also "Wo will das Unternehmen in 5 Jahren sein?", lässt sich überhaupt erst klären, welche Stellen zukünftig im Unternehmen zu besetzen sind.

- **eine zukunftsorientierte Personalbeschaffungsplanung,** insbesondere
  → Recruiting-Prozesse, die genau auf das Suchverhalten der gewünschten Bewerbergruppe zugeschnitten werden,
  → Planung der Anzahl und der Beschaffungswege, um auf den internen und externen Arbeitsmärkten qualifizierte Fachkräfte für den Planungszeitraum zu rekrutieren.

- eine gezielte Personaleinsatzplanung, d.h.,
  die optimale und zukunftsorientierte Zuordnung vakanter Stellen zu den entsprechenden Mitarbeitern.

- eine zukunftsorientierte und effiziente Personalmarketingstrategie,

  → um die Versorgung eines Unternehmens mit qualifizierten und motivierten vorhandenen und potenziellen Mitarbeitern langfristig zu sichern und

  → um das Unternehmen als attraktiven Arbeitgeber für potenzielle Bewerber zu positionieren, um somit qualifizierte Mitarbeiter und Leistungsträger für Schlüsselstellungen zu erhalten,

- eine sozialverträgliche Personalfreisetzungsplanung,

- eine effiziente Personalkostenplanung,
  denn durch die klare Ausrichtung auf die Unternehmensziele werden Personalkosten sinnvoll investiert und unnötige Kosten fallen nicht an,

- die Anpassung der Ausbildungsstruktur an die zukünftigen Erfordernisse des Marktes,

- ein strukturiertes Change Management oder Diversity Management.

Zusammenfassung:

Die strategische Personalplanung unterstützt die strategische Unternehmensplanung dadurch, dass

- die benötigten Mitarbeiter mit den entsprechenden Qualifikationen und Potenzialen zur Verfügung stehen,

- die Kosten- und Ertragsziele erreicht werden,

- durch ein zukunftsorientiertes und effizientes Personalmarketing qualifizierte Bewerber vorhanden sind und

- durch eine gezielte Personalentwicklung auf zukünftige Entwicklungen und Veränderungen flexibel reagiert werden kann.

Unter der Voraussetzung, dass die strategische Personalplanung kontinuierlich als fortlaufender Prozess in die Unternehmensabläufe integriert wird, sind folgende Vorteile gegeben:

- Korrektur der Unternehmensstrategie ist jederzeit möglich,
  da durch den permanenten Austausch in der strategischen Personalplanung sofort auf Änderungen reagiert werden kann.

- Strategische Veränderungen können im Personalbereich frühzeitig effektiv eingeleitet werden, um die (veränderten) Unternehmensziele zu erreichen.

Erläutern Sie die Aussage "Die Personalstrategie ist ein integrativer Bestandteil der Unternehmensstrategie" anhand von Beispielen. **?**

BEISPIEL 1:

Unternehmensstrategie:

Neue Ausrichtung der Fertigung zur "Industrie 4.0-Anlage" bzw. "smart-factory" (= automatisierte Fertigung)

- Optimierung des Fertigungsprozesses durch sich selbst steuernde Maschinen
- Bedarf an höher qualifizierten Mitarbeitern, denn die Arbeit wird komplexer. Es besteht weniger manuelle Routinearbeit, sondern nur ein Eingreifen der Mitarbeiter bei Vorgängen, die außerhalb der Routine liegen, insbesondere bei Besonderheiten im Fertigungsprozess

Personalstrategie:

Personalentwicklung, Personaleinsatzplanung kombiniert mit Personalbeschaffung und Personalfreisetzung

- Neugestaltung der Arbeitsfelder der Mitarbeiter und Vorbereitung der Mitarbeiter auf die Entwicklung neuer Berufe
- Personalentwicklung: Weiterqualifizierung der Mitarbeiter auf die neuen anspruchsvollen Aufgaben und Herausforderungen
- Stärkung der Mitarbeitermotivation
- Qualifizierungsmaßnahmen für neue Anforderungen entwickeln
- Qualifizierung der Führungskräfte für die bevorstehende Veränderung hin zu Industrie 4.0.
- Personalbedarfsbestimmung: Wie viele Mitarbeiter werden in der smart-factory benötigt und mit welchen Qualifikationen?
- Personaleinsatzplanung: Soll-Ist-Vergleich der neuen Anforderungsprofile zu den Eignungsprofilen und Zuordnung der neuen Stellen zu den Mitarbeitern
- Entlassung von Mitarbeitern, falls weniger Mitarbeiter für die Industrie 4.0-Anlage benötigt werden
- Einstellung von neuen höher qualifizierten Mitarbeitern, die genau zu den neuen Stellen bzw. Berufen passen

BEISPIEL 2:

Unternehmensstrategie:

Neue Produktlinie und Einstellung der unrentablen „alten" Produktlinie

Personalstrategie:

Personalanpassung (→ Beschaffung, Abbau, Personalentwicklung)

■ Weisung oder Versetzung der Mitarbeiter an neue Produktlinie

■ Weiterqualifizierung der Mitarbeiter für neue Tätigkeiten an der neuen Produktlinie

■ Entlassung von Mitarbeitern, falls für neue Produktlinie weniger Mitarbeiter benötigt werden - dabei achten auf sozialverträgliche und arbeitsrechtlich korrekte Gestaltung des Personalabbaus

■ Passgenaue Einstellung von neuen Mitarbeitern für die neue Produktlinie, falls für diese mehr Mitarbeiter benötigt werden

■ Schaffung von optimalen Arbeitsbedingungen zur Mitarbeitermotivation, mit dem Ziel der Mitgestaltung des Unternehmensumbaus

---

BEISPIEL 3:

Unternehmensstrategie:

Internationalisierung

■ durch Anbieten von Produkten und Dienstleistungen weltweit **oder**

■ durch Verlagerung eines Betriebsteils, z.B. der Produktion, ins Ausland

Personalstrategie:

Personalbeschaffung auf dem internationalen Arbeitsmarkt, Personalentwicklung

■ Personalbedarfsbestimmung

■ Rekrutierung von qualifizierten Vertriebs- oder Marketingmitarbeitern mit Sprachkenntnissen des entsprechenden Absatzmarktes

■ Personalentwicklungsmaßnahmen anpassen, wie interkulturelle Kompetenzen, Sprachen etc.

■ Schaffung von optimalen Arbeitsbedingungen zur Motivation von Mitarbeitern, den Unternehmensumbau mitzugestalten

■ Evtl. sozialverträglicher Personalabbau im Bereich Produktion

BEISPIEL 4:

Unternehmensstrategie:

Verlegung eines Betriebsteils

Personalstrategie:

Personalanpassung und/oder Personalfreisetzung

- Weisung (Direktionsrecht) oder Versetzung der Mitarbeiter an einen anderen Ort
- Förderung der Mobilität der Mitarbeiter
- Entlassung der Mitarbeiter des „alten" Betriebsstandorts und Neueinstellung neuer Mitarbeiter am „neuen" Standort
- Schaffung von optimalen Arbeitsbedingungen zur Mitarbeitermotivation, mit dem Ziel der Mitgestaltung des Unternehmensumbaus

BEISPIEL 5:

Unternehmensstrategie:

Langfristige Expansion

Personalstrategie:

Personalmarketing, Personalbeschaffung kombiniert mit Personalentwicklung

- Langfristige Erhöhung der Mitarbeiterzahl durch Personalbeschaffung und Personalmarketing
- Weiterentwicklung der internen Mitarbeiter durch Personalentwicklungsmaßnahmen
- Optimierung der Beschäftigung durch Soll-Ist-Analyse
- Bindung neuer und vorhandener Mitarbeiter ans Unternehmen stärken
- Steigerung der Arbeitsleistung durch z.B. Anreizsysteme

2.3 Personalwirtschaftliche Ziele

Die personalwirtschaftlichen Ziele können in folgende zwei Aspekte aufgeteilt werden:

Wirtschaftliche Ziele der Unternehmen	Soziale Ziele/Mitarbeiterbedürfnisse
Bestmögliche Versorgung des Unternehmens mit geeigneten Mitarbeitern unter Berücksichtigung des ökonomischen Prinzips.	Bestmögliche Gestaltung der Arbeitsumstände für die Mitarbeiter.
→ **Personalwirtschaftliche Ziele aus Sicht des Unternehmens**	→ **Personalwirtschaftliche Ziele aus Sicht der Mitarbeiter**
<u>Bsp.:</u> ■ Optimierung der Beschäftigung und optimale Nutzung aller Personalressourcen ■ Kostenminimierung der Beschäftigung/ Senkung der Personalkosten ■ Steigerung der Arbeitsleistung ■ Nutzung der Kreativität und Erfahrung ■ Flexibilisierung der Personalarbeit	<u>Bsp.:</u> ■ Soziale humanitäre Ziele ■ Leistungsfähigkeit der Mitarbeiter erhalten

Folgende personalwirtschaftliche Ziele bestehen aus Sicht des Unternehmens:

1. **Optimierung der Beschäftigung und optimale Nutzung aller Personalressourcen** durch ...
   - Soll-Ist-Analyse
   - Analyse der Mitarbeiterpotenziale
   - umfassende Personaleinsatzplanung, qualifikationsbezogener Einsatz der Mitarbeiter
   - Flexibilisierung der Arbeit/Arbeitszeiten (z.B. durch variable Arbeitszeiten, Arbeit auf Abruf)
   - Einfügen leistungsfördernder Elemente in die Bezahlung

2. **Kostenminimierung der Beschäftigung/ Senkung der Personalkosten** durch ...

- Minimierung von Grundvergütung und Sozialleistungen der Mitarbeiter
- verbesserte Leistung der Mitarbeiter, Steigerung der Produktivität, optimierte Abläufe
- Austritt aus dem Arbeitgeberverband
- Einführung von Cafeteria-Programmen
- Verminderung von Krankenstand und Fluktuationskosten
- Einführung von Total Quality Management TQM
- Abbau nicht zwingend benötigter Stellen, Nutzen von Rationalisierungseffekten
- **Beachte:**
  Die Kostensituation steht im Spannungsverhältnis von Wirtschaftlichkeit und den Erwartungen der Mitarbeiter!

3. **Steigerung der Arbeitsleistung**

- quantitativ
  durch z.B. Anreizsysteme, Verlängerung der Arbeitszeit, Zielvereinbarungen, Prämien, Überstundenzuschläge
- qualitativ
  durch z.B. Verbesserung der Motivation, Weiterbildung/Training, kooperativer Führungsstil, Entwicklungsmöglichkeiten, Work-Life-Balance, soziale Absicherung der Mitarbeiter

4. **Nutzung der Kreativität und Erfahrung der Mitarbeiter** durch ...

- kooperativen bzw. kreativitätsfördernden Führungsstil
- Einführen eines betrieblichen Vorschlagswesens BVW
- Einführung eines kontinuierlichen Verbesserungsprozesses KVP
- eine gelebte innovationsfördernde und kreative Unternehmenskultur
- Gruppendynamik, Verbesserung der Teamarbeit, Einrichtung von Qualitätszirkeln
- Initiative zur Innovation z.B. Ausschreibung eines Wettbewerbs
- Umkehrung von Fehlschlägen im Sinne von "aus Fehlern lernen"

5. **Flexibilisierung der Personalarbeit** durch ...

- flexible Arbeitszeiten, innovative Arbeitszeitmodelle durch Veränderung von Dauer und/oder Lage der Arbeitszeit,
  wie Gleitzeit, Arbeitszeitkonten, Jahresarbeitszeitmodelle, Lebensarbeitszeitmodelle, Altersteilzeit, Job-Sharing
- flexible Organisationsstrukturen
- flexibler Ort der Aufgabenerfüllung, wie Telearbeit, Homeoffice
- flexible Anreizsysteme
- flexibler Personalbestand

Hinweis:
Den auf die Arbeitsleistung ausgerichteten wirtschaftlichen Zielen stehen die sozialen Ziele gegenüber.

Folgende personalwirtschaftliche Ziele bestehen aus Sicht des Mitarbeiters:

1. **Soziale, humanitäre Ziele**

   Soziale Ziele (auch humanitäre Ziele genannt) **sind auf die Menschen im Betrieb ausgerichtet und dienen zur Erfüllung der Bedürfnisse, Erwartungen und Interessen der Mitarbeiter.** Sie beziehen sich auf das Arbeitsumfeld.

   ■ Berücksichtigung der sozialen und familiären Erwartungen sowie der Bedürfnisse der Mitarbeiter

   ■ Mitarbeiterorientierte „Shareholder-Value-Politik"

   Beispiele:

   Den Bedürfnissen der Mitarbeiter wird entsprochen durch

   → abwechslungsreiche und auf den Mitarbeiter angepasste Arbeitsaufgaben

   → einen sicheren und ergonomischen Arbeitsplatz

   → flexible und an den menschlichen Rhythmus angepasste Arbeitszeiten

   → gerechte und angemessene Entlohnung

   → kooperative und gerechte Personalführung

   → Schaffung eines optimalen Betriebsklimas

   → Personalentwicklungsmaßnahmen, wie Förderung der Mitarbeiter durch Aus- und Weiterbildung, Förderung der persönlichen Mitarbeiterentfaltung, Laufbahnplanung, Schaffung von Aufstiegschancen, lebenslanges Lernen

   → Anerkennung der Arbeit

   → Mitbestimmungsmöglichkeiten

   → Work-Life-Balance

   Hinweis:

   Die Erfüllung der sozialen Ziele schlägt sich in Arbeitszufriedenheit, Leistung und Motivation der Mitarbeiter nieder.

2. **Leistungsfähigkeit der Mitarbeiter erhalten**

   Die Leistungsfähigkeit der Mitarbeiter wird erhalten durch ...

   ■ Weiterentwicklung der internen Mitarbeiter durch Personalentwicklungsmaßnahmen

   ■ Optimierung der Beschäftigung durch Soll-Ist-Analyse

   Beispiele:

   → Gesundheitsmanagement

   → lebenslanges Lernen

   → Work-Life-Balance

   → Ergonomie

Hinweise:

Soziale und wirtschaftliche Ziele im Personalbereich ergänzen sich teilweise, denn nur im Zusammenwirken von wirtschaftlicher und sozialer Effizienz kann ein Unternehmen langfristig überleben und seine Existenz sichern.

Allerdings stehen die wirtschaftlichen Ziele immer unter dem Gebot des ökonomischen Prinzips. Das bedeutet, dass die Unternehmen

1. **ergebnisorientiert,**

    d.h., unter gegebenen Bedingungen ist eine möglichst hohe Arbeitsleistung zu erreichen

    und

2. **kostenorientiert** handeln müssen,

    d.h., eine vorgegebene Leistung ist mit minimalen Einsatz an Arbeit und Kosten zu erreichen.

Und dies geht nicht immer mit steigender Arbeitszufriedenheit einher.

3

Beschäftigungsstrukturen und Personalbedarfe für Produktions- und Dienstleistungsprozesse analysieren und ermitteln

Strukturierung der schriftlichen Prüfung | 30%

3.1 Die menschliche Arbeitsleistung im Unternehmen

3.1.1 Arten der Arbeit

Die menschliche Arbeitsleistung wird in dispositive und operative Arbeit eingeteilt:

Dispositive Arbeit/ dispositive Faktoren	dispositiv (laut Duden) = anordnend, verfügend
	Hier handelt es sich im Wesentlichen um **planerische, leitende und verwaltende Tätigkeiten von Führungskräften.** Der dispositive Faktor entscheidet über den optimalen Einsatz der Ressourcen.

Typische dispositive Tätigkeiten:

- Leitung
- Zielsetzung
- Planung
- Organisation
- Führung
- Kontrolle/Überwachung

Fähigkeiten, die kennzeichnend für dispositive Tätigkeiten sind:

- Analytische Kompetenz
- Geistiges Erfassen und Durchdringen von betrieblichen Zusammenhängen
- Blick für das Wesentliche, Organisationstalent
- Selbständiges Beurteilen von komplexen Tatbeständen und betrieblichen Strukturen; Erkennen von Schlussfolgerungen

Beispiel:

Tätigkeiten eines Personalleiters:

- Aufgaben der Personalplanung, sowie Entwicklung von Konzepten und Maßnahmen im Hinblick auf den Faktor Arbeit
- Planung und Kontrolle der qualitativen Entwicklung der Mitarbeiter
- Bewertung und Kontrolle der Personalkosten
- Steuerung der Personalarbeit
- Fällen von Entscheidungen, die den Faktor Arbeit betreffen und deren Kontrolle

Operative Arbeit/ operative Faktoren	operare (lat.) = arbeitend, ausführend
	Hier handelt es sich um **wertschöpfende, ausführende und umsetzende Tätigkeiten**, also um all diejenigen Tätigkeiten, die die eigentliche Arbeitsleistung erbringen.
	Operative Tätigkeiten werden häufig von Maschinen übernommen.
	Typische operative Tätigkeiten:
	■ Administrative Aufgaben
	■ Auftragssachbearbeitung
	■ Datenpflege
	■ Personalsachbearbeitung
	■ Kundendiensttätigkeiten
	Beispiel:
	Tätigkeiten eines Personalsachbearbeiters:
	■ Ausführen von Tätigkeiten, die durch die Geschäftsleitung und die Personalleitung getroffen werden
	■ Gehaltsabrechnungserstellung, Anweisung der Gehälter
	■ Erstellen von Vertragsunterlagen (wie Ausfertigen von Arbeitsverträgen) und Zeugnissen
	■ Abwicklung von Weiterbildungsmaßnahmen, z.B. Anmeldung
	■ Erfassung und Dokumentation von Fehlzeiten
	■ Verwalten der Personalakten
	■ Datenpflege und Datenauswertung, z.B. Entwicklung des Krankenstands, Fluktuation
	■ Bearbeiten von Bewerbungen wie Terminkontrollen, Zwischenbescheide, Absagen etc.

3.1.2 Bestimmungsfaktoren der Arbeitsleistung

Die Bedingungen der menschlichen Arbeitsleistung haben sich in den vergangenen Jahren/ Jahrzehnten stark verändert, insbesondere durch Industrialisierung, fortschreitende Mechanisierung und Automatisierung, Rationalisierung sowie aufgrund neuer Arbeitsverfahren und –methoden.

Neben diesem ständigen Wandel werden auch die Leistungsanforderungen an den Mitarbeiter immer höher. Um den Leistungsanforderungen zu entsprechen, muss der Mitarbeiter leistungsfähig und leistungsbereit sein.

Der Personalmitarbeiter muss wissen, wie sich die menschliche Leistung zusammensetzt, damit er diese positiv beeinflussen kann.

? **Welche Faktoren bestimmen das Ergebnis menschlicher Arbeit?**

Die menschliche Leistung setzt sich zusammen aus ...

- der Leistungsfähigkeit (auch Leistungsvermögen genannt),
- der Leistungsbereitschaft und
- der Leistungsmöglichkeit.

1. Kennen und Können = Leistungsfähigkeit	2. Wollen = Leistungsbereitschaft	3. Dürfen = Leistungsmöglichkeit
Individuelles Arbeitsvermögen des Mitarbeiters	Bereitschaft des Mitarbeiters, Leistung erbringen zu wollen (contra innerer Kündigung)	Möglichkeit der Mitarbeiter, handeln zu dürfen - durch Befugnisse und Rechte für ein bestimmtes Handeln
<ul><li>Fähigkeit der Mitarbeiter</li><li>Eignung der Mitarbeiter</li><li>Persönlichkeitsbezogene Arbeitsanforderungen an die Mitarbeiter</li></ul> z.B. Belastbarkeit, Stressstabilität	Körperliche und psychologische Bereitschaft zum Arbeiten z.B. eigene Motivation/Antrieb, Wille/innere Disziplin	Arbeitsbedingungen und Arbeitsumfeld z.B. Entscheidungs-, Anordnungs-, Kontroll-, Beratungs- und Informationsbefugnisse

Arbeitsleistung = Ergebnis der Arbeit

BEACHTE

Eine sichere, gesunde und funktionale Arbeitsumwelt ist Voraussetzung dafür, dass der Mensch sich an seinem Arbeitsplatz wohl fühlt und eine gute Arbeitsleistung erbringen kann.

Die Leistung wird von einer Reihe von Faktoren beeinflusst. Eine große Rolle spielen hierbei die inneren, wie auch die äußeren Leistungsfaktoren.

Was versteht man unter inneren und äußeren Leistungsfaktoren?   **?**

Die Leistungsfaktoren der menschlichen Arbeit kann man in innere und äußere Leistungsfaktoren einteilen.

Innere Leistungsfaktoren	Äußere Leistungsfaktoren
Die inneren Leistungsfaktoren (auch innere Arbeitsbedingungen genannt) sind vom einzelnen Mitarbeiter beeinflussbar und in ihm angelegt. → Sie liegen im **Potenzial** des Mitarbeiters	Die äußeren Leistungsfaktoren (auch äußere Arbeitsbedingungen genannt) beeinflussen die Leistungsbereitschaft (= Leistungswille) der Mitarbeiter. → Sie zählen zum **Umfeld** des Mitarbeiters
■ Aufgabenbezogene Elemente, z.B. Ausbildung, Wissen, Fähigkeiten, Fertigkeiten, Erfahrungen, Begabung ■ Persönlichkeitsbezogene Elemente, z.B. Gesundheit, Belastbarkeit, Anpassungsfähigkeit, Teamfähigkeit, Konfliktfähigkeit ■ Leistungsbereitschaft, z.B. Initiative, innere Motivation, Leistungswille, Erkenntnisstreben	■ Arbeitssituation, z.B. Arbeitsaufgaben, Arbeitsverfahren, Arbeitsplatz, Organisationsform des Unternehmens, Vorhandensein von Sozialeinrichtungen, Kompetenzzuordnung, Mitbestimmung, Entlohnung und freiwillige betriebliche Sozialleistungen, Arbeits– und Pausengestaltung, Ergonomie, Leistungsanreize, Aus-und Weiterbildungsmaßnahmen ■ Gruppensituation, z.B. Verhalten der Gruppe, Struktur der Gruppe, Zusammenhalt der Gruppe, Gruppendynamik, Mitgliederzahl der Gruppe ■ Umfeld-/Umweltsituation, z.B. Konjunktur, Konkurrenz, Preise, Stand der Technik, Einkommen, allgemeine Marktsituation ■ Unternehmenssituation, z.B. Betriebsklima, Auftragslage, Entlohnung

Die Arbeitsleistung wird von zahlreichen objektiven und subjektiven Faktoren, den **sog. Bestimmungsfaktoren der Arbeitsleistung,** beeinflusst.

Objektive Leistungsfaktoren	Subjektive Leistungsfaktoren
Objektive Faktoren sind die **Arbeitsbedingungen.** → sachlich	Subjektive Faktoren liegen **in der Person des einzelnen Mitarbeiters.** → persönlich
Die Arbeitsbedingungen werden bestimmt durch: ■ Arbeitsanforderungen/Arbeitsaufgabe ■ Arbeitsmittel/Arbeitsverfahren/Arbeitstechnik ■ Arbeitsgestaltung ■ Arbeitsplatzgestaltung ■ Arbeitsumfeld des Mitarbeiters ■ Arbeitssicherheit ■ Pausenregelung ■ Standort des Unternehmens ■ Arbeitsentgelt ■ Gestaltung des Arbeitsraums	■ **Leistungsfähigkeit** wie Fähigkeit, Begabung, Eignung für die Aufgabe, Ausbildung, Erfahrung, Beharrlichkeit, körperliche Belastbarkeit, Geschicklichkeit ■ **Leistungsbereitschaft** wie Wille, Motivation, positive Einstellung zur Arbeit

3.2 Instrumente der Personalbedarfsbestimmung

Grundsätzliche Aufgabe der Personalbedarfsplanung ist die **Feststellung des zukünftigen Bedarfs in qualitativer, quantitativer, räumlicher und temporärer Sicht.**

- „Welche und wie viele Arbeitskräfte werden zu einem zukünftigen Zeitpunkt wo und wie lange benötigt?"
- „Welche und wie viele Arbeitskräfte sind momentan beschäftigt?"

3.2.1 Qualitativ

Der qualitative Personalbedarf ermittelt die **Anforderungen der Arbeitsplätze** und leitet daraus die **Qualifikation der benötigten Personen** ab, d.h.,

welche Mitarbeiter mit welchen Qualifikationen benötige ich jetzt und in der Zukunft?

Welche Fragen können in qualitativer Hinsicht im Rahmen der Personalbedarfsbestimmung/Personalbedarfsplanung gestellt werden? **?**

Fragen der qualitativen Personalbedarfsbestimmung/Personalbedarfsplanung:

- Welche Qualifikationen benötigt das Unternehmen jetzt und in der Zukunft?
- Was müssen die Mitarbeiter an Wissen, Können, Motivation und Erfahrung mitbringen, um den Anforderungen des Arbeitsplatzes bestmöglich gerecht zu werden (→ Soll-Profil)?
- Haben die vorhandenen Mitarbeiter die richtige Qualifikation, um zukünftige Aufgaben zu erfüllen?
- Welche Potenziale sind bei meinen Mitarbeitern vorhanden?
- In welchen Aufgabengebieten sind Kompetenzen aufzubauen?
- Werden sich Aufgaben der Arbeitsplätze verändern und wie wird sich das auf die Anforderungen an die Mitarbeiter auswirken?
- Welche Fähigkeiten werden in Zukunft nicht mehr benötigt?

Hinweis:

Abzuleitende Maßnahmen der qualitativen Personalbedarfsbestimmung/-planung:

- Personalentwicklungsmaßnahmen

- Innerbetriebliche Versetzung
- Einsatz von externen Experten
- Outsourcing bestimmter Spezialaufgaben

 ? **Welche Instrumente der qualitativen Personalbedarfsbestimmung werden unterschieden?**

Instrumente der qualitativen Personalbedarfsbestimmung:
- Vorstellungsgespräch
- Assessment Center AC
- Anforderungsprofile
- Eignungsprofile
- Leistungsbeurteilungen
- Potenzialanalyse, Stärken-Schwächen-Analyse
- Arbeitsbewertung
- Personalakten, Personalstammdaten
- Tests (z.B. Eignungstests, Leistungstests)
- Personalentwicklungsdatei
- Personalinformationssystem PIS
- Benchmarking
- Qualifikationsmatrix

Vorstellungsgespräch

Nach wie vor stellt das Bewerbungsgespräch (auch Einstellungsgespräch oder Vorstellungsgespräch genannt) die wichtigste Entscheidungsgrundlage zur Personalauswahl für die Unternehmen dar.

Das Vorstellungsgespräch dient dem **gegenseitigen Kennenlernen**. Die ersten Eindrücke aus den Bewerbungsunterlagen werden präzisiert.

Wie ist der Ablauf eines strukturierten Einstellungsgesprächs? **?**

Vorbereitungsphase	■ Beteiligte Mitarbeiter am Gespräch festlegen ■ Inhaltliche Planung des Gesprächs: „roter Faden erstellen", Lücken und Unklarheiten in den Bewerbungsunterlagen notieren, Vorbereitung auf zu erwartende Fragen ■ Gute Terminwahl und rechtzeitiges Verschicken der Einladung zum Vorstellungsgespräch ■ Organisatorische Voraussetzungen: Wahl des Ortes, Getränke besorgen ■ Evtl. Broschüren, Prospekte und andere Informationsmaterialien bereitlegen ■ Störungsfreiheit gewährleisten: Mitarbeiter informieren, Telefon umstellen
Durchführung des Vorstellungs-gesprächs	1. **Begrüßung und Einleitung** Ziel der Einleitungsphase ist es, eine entspannte Gesprächsatmosphäre zu schaffen, und zwar durch freundliche Begrüßung, Frage nach der Anreise, Anbieten von Getränken, bedanken für das Interesse am Unternehmen 2. **Informationen über die persönliche Situation des Bewerbers einholen** Herkunft, Familie, Wohnort, Hobbies, Freizeitaktivitäten, besondere Interessen, außerberufliche Fähigkeiten, Gesundheitszustand 3. **Fragen zum Bildungsgang und zur beruflichen Entwicklung des Bewerbers** Beruflicher Werdegang, wie Schule, Ausbildung, Weiterbildung, Auslandsaufenthalte; bisherige Tätigkeiten, Aufgaben– und Verantwortungsbereiche; persönliche Stärken und Schwächen; berufliche Pläne/Vorstellungen 4. **Informationen über den Betrieb** Vorstellung und Bedeutung des Unternehmens wie Mitarbeiteranzahl, Standorte, Produkte, Unternehmensphilosophie, Sozialleistungen, Laufbahnperspektiven 5. **Informationen über die zu besetzende Stelle** Vorstellungen und Erwartungen des Bewerbers von der zukünftigen Aufgabe erfragen; Arbeitsinhalt, Anforderungen, Stellenbeschreibung; Besonderheiten der Aufgabe; Arbeitszeit 6. **Vertragsverhandlungen** Dem Bewerber die Möglichkeit geben, Fragen zu stellen, die ihn noch interessieren; Eintrittstermin, Gehalt, Zusatzleistungen, Sozialleistungen, Fortbildungsmöglichkeiten, Urlaub, Nebentätigkeiten, nachvertragliches Wettbewerbsverbot

Durchführung des Vorstellungsgesprächs (Forts.)	7. **Freundlicher Gesprächsabschluss** Das Gespräch sollte nicht abrupt beenden, sondern in einer angenehmen Stimmung ausklingen. Zum Beispiel durch ... Zusammenfassung des Gesprächs; Hinweis auf das weitere Bewerberauswahlverfahren, z.B. Terminnennung, wann mit Entscheidung gerechnet werden kann, bzw. neuer Termin für ein weiteres Gespräch; Hinweis auf Fahrtkostenerstattung; Verabschiedung, Dank für das Gespräch
Nachbereitung des Gesprächs	Sobald das Vorstellungsgespräch beendet ist, sollten die Personalverantwortlichen sich ein wenig Zeit nehmen und die Ergebnisse des Gesprächs zusammenfassen. Es sollte insbesondere notiert werden, ob der Bewerber die erforderlichen persönlichen und fachlichen Voraussetzungen erfüllt, als auch, wie das Verhalten des Bewerbers im Vorstellungsgespräch war: War er z.B. interessiert, freundlich, höflich, aufmerksam, hat er sich im Vorfeld über das Unternehmen informiert etc.

 Welche Vor– und Nachteile bietet das Vorstellungsgespräch?

Vorteile des Vorstellungsgesprächs	Nachteile des Vorstellungsgesprächs
■ Man kann sich schnell einen **persönlichen Eindruck** verschaffen (insbesondere über Ausdrucksfähigkeit, Konzentrationsfähigkeit, äußeres Erscheinungsbild, Argumentationsfähigkeit, Überzeugungskraft, Motivation). ■ **Offene Fragen**, die sich aus den Bewerbungsunterlagen aufgrund Lücken oder Widersprüchlichkeiten ergeben, können sofort **geklärt** werden. ■ **Individuelle Fragestellungen** sind möglich, z.B. nach den Gründen für den beabsichtigten Wechsel, den Erwartungen an den neuen Arbeitsplatz und den angestrebten beruflichen Werdegang. ■ Bewerber können im **Einzelgespräch** von sich überzeugen. ■ **Kurzer zeitlicher Rahmen**	■ Es kann zu **Beurteilungsfehlern** kommen wie Überbewertung des ersten Eindrucks, Sympathie-/Antipathieeffekt. ■ **Wenig Vergleichsmöglichkeiten** der Bewerber untereinander, da mit den Bewerbern nacheinander Gespräche geführt werden. ■ Soziale, fachliche und methodische Kompetenzen - wie Teamfähigkeit, Arbeitsweise, Führungsqualitäten, fachliche Fähigkeiten - können nur unzureichend überprüft werden. ■ Wenige Beobachter machen die Entscheidung **subjektiv**. ■ Bewerber können sich im Vorstellungsgespräch durch Falschaussagen und Übertreibungen in einem besseren Licht darstellen. ■ **Kurzer Beobachtungszeitraum**

Assessment Center AC

Ein Assessment Center ist eine seminarähnliche Veranstaltung (1 bis 3 Tage), in deren Verlauf Beobachter mehrere Teilnehmer in unterschiedlichen **praxisrelevanten Testsituationen** beobachten und aufgrund der unmittelbaren Beobachtung sowie **anhand von vorher definierten Kriterien beurteilen.**

Die Übungen simulieren Entscheidungszwänge, Mitarbeiterkonflikte und Verhaltensprobleme, mit denen die Kandidaten in ihrer späteren Tätigkeit tatsächlich konfrontiert werden.

Welche Ziele verfolgt das Assessment Center?　　　　　　**?**

- **„Objektivierung" des Beurteilungsverfahrens,**
  d.h., die Unternehmen versprechen sich objektivere Urteile über die Fähigkeiten der Kandidaten.
- **Beurteilung von** Leistungsfähigkeit, Arbeitstechnik und Potenzialvermögen;
  Erkennen von Einstellungen und Verhaltensweisen im **zwischenmenschlichen Bereich.**
- **Risikominderung bei der Auswahl,**
  d.h., mehrere neutrale Beobachter stellen fest, welcher Teilnehmer für die entsprechende Position objektiv am besten geeignet ist.
- **Ermittlung des Bildungs- und Entwicklungsbedarfs der Teilnehmer,**
  d.h., es werden konkrete Weiterbildungsbedürfnisse festgestellt, und damit erhält der Arbeitgeber exakte Ausgangsinformationen für die Weiterbildungsplanung des entsprechenden Mitarbeiters.

In welchen Bereichen wird das Assessment Center eingesetzt?　　　**?**

- Auswahl externer/interner Bewerber
- Beförderungsassessment (→ Laufbahnplanung)
- Beurteilungsassessment (→ Weiterbildungsanalyse, Aufgabenerweiterung)

Welche Vor- und Nachteile bieten Assessment Center?

Vorteile des Assessment Centers	Nachteile des Assessment Centers
■ Mehrere Beobachter machen die Entscheidung objektiver ■ Soziale Kompetenzen, wie Teamfähigkeit, können besser überprüft werden ■ Relativ langer Beobachtungszeitraum (1-3 Tage) ■ Gute Vergleichsmöglichkeiten der Bewerber/Potenzialträger untereinander	■ Sehr hohe Kosten ■ „Verliererproblematik", d.h., wie reagieren Teilnehmer, die aktuell nicht als Potenzialträger gesehen werden? ■ Gefahr der Demotivation bei internen Teilnehmern ■ Hoher zeitlicher Aufwand für Planung und Durchführung

 Welche typischen Übungen werden im Assessment Center eingesetzt?

Übungen	Inhalt	Kriterien
Präsentation/ Selbstpräsentation	Selbstdarstellung der Teilnehmer; Welche Informationen, Erfahrungen und Stärken gibt der Teilnehmer von sich preis? Was unterscheidet den Teilnehmer von den anderen?	Darstellungsvermögen, Kommunikationsfähigkeit, Überzeugungskraft, Ausdruck, Umgang mit Stress
Postkorbübungen	Teilnehmer müssen unter Zeitdruck (etwa 25) Schriftstücke bearbeiten und Entscheidungen treffen. Oder, wichtige Termine und ToDos sind unter Zeitdruck zu koordinieren.	Priorisieren können, Umgang mit Stress, schriftlicher und mündlicher Ausdruck, Kreativität, Blick für das Wesentliche, Belastbarkeit, Entschlossenheit, analytische Kompetenz, Zeitmanagement, Organisationstalent
Gruppendiskussion	Bestimmtes kontroverses Thema wird zur Bearbeitung und Diskussion gestellt.	Kommunikationsfähigkeit, Teamfähigkeit, Überzeugungskraft, Führungsverhalten, Argumentation, Beharrlichkeit, Sachlichkeit, eigener Standpunkt vertreten, Zielorientierung, Durchsetzungsfähigkeit, auf andere eingehen können, Leistungsverhalten, Sozialverhalten, Einhalten der Gesprächsregeln (wie Höflichkeit, Respekt, ausreden lassen)

Übungen	Inhalt	Kriterien
Rollenspiele, insbesondere Konfliktgespräche	Es sind konfliktbeladene Gespräche mit Mitarbeitern zu führen. Wie verhält sich der Teilnehmer in Konfliktsituationen?	Führungsverhalten, Problemlösefähigkeit, Methodenkompetenz, Durchsetzungsfähigkeit, Umgang mit Konfliktsituationen, Gesprächsverhalten, Spontaneität, Kreativität
Fallstudie	Analyse einer Problemsituation durch Teilnehmer allein oder durch eine Teilnehmergruppe, Erarbeitung von Lösungsvorschlägen und Präsentation des besten Lösungsvorschlags.	Konzeptionelle Vorgehensweise bei der Problemlösung, Problemanalyse, Urteilsfähigkeit, Entschlossenheit, unternehmerisches Handeln, Entscheidungsfähigkeit
Organisationsaufgabe	Erarbeiten einer Lösung, z.B. „Organisation eines Sommerfestes"	Übernahme der Gesamtverantwortung, Kombinationsfähigkeit, Kreativität, Überblick behalten, Zeitmanagement, Organisationstalent, Leistungsbereitschaft, logisches Denken
Interview	Frage-Antwort-Gespräch	Rhetorische Fähigkeit, Überzeugungskraft, Argumentation, Auftreten, Ausdrucksfähigkeit
(Kurz-)Vorträge	Teilnehmer erarbeitet sich zu einem Thema einen roten Faden und trägt das Erarbeitete mündlich vor.	Rhetorische Fähigkeit, Auftreten, Ausdrucksfähigkeit, Überzeugungskraft, Umgang mit Stress, Spontaneität

Hinweise:

- Die beschriebenen Assessment Center Übungen fordern von den Teilnehmern ganz unterschiedliche fachliche und soziale Kompetenzen.
- Manche Übungen müssen in Einzelarbeit ausgeführt werden, bei anderen muss man im Team agieren.

3.2.2 Quantitativ

Der quantitative Personalbedarf ermittelt die **Zahl der Personen,** die für die Erfüllung der Unternehmensaufgaben und Unternehmensziele zu einem bestimmten Zeitpunkt und für eine bestimmte Dauer benötigt werden, d.h.,

wie viele Mitarbeiter benötige ich zu welchem Zeitpunkt und wie lange?

Welche Fragen können in quantitativer Hinsicht im Rahmen der Personalbedarfsbestimmung/Personalbedarfsplanung gestellt werden?

Fragen der quantitativen Personalbedarfsbestimmung/Personalbedarfsplanung:

- Wie viele Mitarbeiter benötigt das Unternehmen zu welchem Zeitpunkt und wie lange?
- Gibt es zu viele oder zu wenige Mitarbeiter für die Zukunft?
- Gibt es technologische Veränderungen, die Mitarbeiter überflüssig machen?
- Lautet die Unternehmensstrategie "Expansion", sodass mehr Mitarbeiter zukünftig benötigt werden?
- Wie ist die wirtschaftliche Lage?
- Wie hoch ist die Fluktuationsquote?
- Wie hoch ist der aktuelle Krankenstand und wie war er in der Vergangenheit?

? **Welche Instrumente der quantitativen Personalbedarfsbestimmung werden unterschieden?**

Instrumente der quantitativen Personalbedarfsbestimmung sind:

- Absatzpläne
- Produktionspläne
- Bedarfsprognosen
- Schichtpläne
- Stellenbesetzungspläne
- Personalstatistiken (z.B. über Fluktuationsquote, Fehlzeiten, Altersstruktur etc.)
- Abgangs-/Zugangstabellen
- Aufbau-/Ablauforganisation
- Fertigungsstufen/Fertigungstiefe
- REFA-Verfahren

3.2.3 Räumlich

Der räumliche Personalbedarf ermittelt die **sinnvollen Einsatzorte der Mitarbeiter**, d.h., **wo sollen die Mitarbeiter eingesetzt werden?**

Es handelt sich also um zwei Probleme:

- Logistisches Problem, also die Verfügbarkeit am richtigen Ort
- Frage nach der Mobilität der Mitarbeiter

Welche Fragen können in räumlicher Hinsicht im Rahmen der Personalbedarfs-bestimmung/Personalbedarfsplanung gestellt werden? **?**

Fragen der räumlichen Personalbedarfsbestimmung/Personalbedarfsplanung:

- An welchem Arbeitsplatz, in welcher Abteilung, in welchem Bereich und in welchem Ort werden Mitarbeiter benötigt?
- Hat das Unternehmen Expansionspläne?
- Bei weltweiten Expansionsplänen:
    - → Lässt sich aus den jeweiligen geplanten ausländischen Standorten unmittelbar das benötigte Personal in der entsprechenden Qualifikation und Quantität beschaffen?
    - → Welches Lohnniveau herrscht in den jeweiligen geplanten ausländischen Standorten?
- Hat das Unternehmen Pläne, Betriebsteile an einen anderen Ort zu verlagern?
- Werden Betriebsteile, Niederlassungen, Filialen oder Standorte geschlossen?
- Welche Niederlassungen, Filialen oder Standorte werden neu aufgebaut?
- Müssen Mitarbeiter an einen anderen Standort versetzt werden?

Welche Instrumente der räumlichen Personalbedarfsbestimmung werden unterschieden? **?**

Instrumente der räumlichen/örtlichen Personalbedarfsbestimmung sind:

- Betriebliche Standorte des Unternehmens, d.h., wo unterhält das Unternehmen Standorte auf der Welt (Ort, Region, Land)?
- Struktur des Betriebes: zentral oder dezentral
- Produktionsverfahren wie Werkstättenfertigung
- Gebäudepläne, -grundrisse
- Personaleinsatzpläne

3.2.4 Temporär

Der temporäre (= zeitliche) Personalbedarf ermittelt die **zweckmäßigen Zeitpunkte** und die **benötigten Zeitperioden** des Personalbedarfs,
d.h.,
wann und wie lange benötigt das Unternehmen die Mitarbeiter und
wann bestehen zeitlich befristete Auftragsspitzen?

> **?** **Welche Fragen können in temporärer Hinsicht im Rahmen der Personalbedarfs-bestimmung/Personalbedarfsplanung gestellt werden?**

Fragen der temporären Personalbedarfsbestimmung/Personalbedarfsplanung:

- Wann und wie lange benötigt das Unternehmen die Mitarbeiter?
- Wann bestehen zeitlich befristete Auftragsspitzen?
- Zu welchen Zeiten muss das Personal bereitstehen?
- Welche Mitarbeiter werden in Zukunft ausscheiden und welche kommen zurück?
- Benötigt das Unternehmen befristetes oder unbefristetes Personal?
- Benötigt das Unternehmen Leiharbeiter?
- Sind Werkverträge für das Unternehmen eine Alternative?
- Wie ist die Altersstruktur im Unternehmen?

> **?** **Welche Instrumente der temporären Personalbedarfsbestimmung werden unterschieden?**

Instrumente der temporären/zeitlichen Personalbedarfsbestimmung:

- Absatzpläne wie geplante Absatzmenge, saisonale Absatzschwankungen
- Auftragsbücher/Auftragsvorlauf
- Arbeitsdauer wie gesetzliche oder tarifliche Arbeitszeiten, betriebliches Arbeitssystem
- Produktionsverfahren wie Einschichtbetrieb, Mehrschichtbetrieb, Konti-Schicht
- Statistische Daten zur konjunkturellen Lage
- Statistik über Fluktuation, Fehlzeiten und betriebliche Altersstruktur
- Tarifliche oder individuelle Arbeitszeiten
- Form der Betriebsorganisation
- Betriebliche Standorte

4

Personalbedarfs– und Entwicklungsplanung durchführen

4.1 Methoden der Personalbedarfsberechnung

4.1.1 Vergangenheitsorientierte Methoden der Personalbedarfsberechnung

Folgende vergangenheitsorientierte Methoden der Personalbedarfsberechnung werden unterschieden:

1. Trendextrapolation oder Trend-Exploration
2. Analogie-Schlussmethode oder Trendanalogie
3. Kennzahlenmethode

1. Trendextrapolation oder Trend-Exploration

Die Trend-Exploration, auch Trendextrapolation genannt, ist eine statische Methode, die auf der Basis von Vergangenheitswerten beruht. Und zwar wird auf Basis der Vergangenheitswerte eine Trendgerade in die Zukunft fortgeschrieben.

- extrapolation (engl.) = Ableitung, Folgerung
- Im allgemeinen Sprachgebrauch versteht man unter extrapolieren aus einem bekannten Zustand oder einer bekannten Entwicklung auf Zustände in anderen Bereichen oder auf zukünftige Entwicklungen zu schließen
- Fortschreibung von Trends des Personalbedarfs aus der Vergangenheit und der Gegenwart in die Zukunft
  Aber:
  Dabei wird vorausgesetzt, dass die Rahmenbedingungen und Gesetzmäßigkeiten in der Zukunft unverändert weiter bestehen (= unveränderte Trendentwicklung).

Beispiel:
Die Mitarbeiterzahl hat sich seit 6 Jahren jedes Jahr um 4 % erhöht. Nun ist im Rahmen einer Personalplanung der Bruttopersonalbedarf der nächsten beiden Jahre zu berechnen.

2. Analogie-Schlussmethode oder Trendanalogie

Die Analogie-Schlussmethode, auch Trendanalogie genannt, geht von einem Zusammenhang zwischen den Entwicklungen der Vergangenheit und der Zukunft aus.

Die Trendanalogie stellt einen Zusammenhang zwischen zwei oder mehreren Zeitreihen her.

Aber:

Es wird ebenfalls eine Kontinuität angenommen, d.h., es wird vorausgesetzt, dass die Rahmenbedingungen und Gesetzmäßigkeiten in der Zukunft unverändert weiter bestehen.

Beispiele:

Zusammenhang zwischen

- „Zahl der Verkäufer" + „Anzahl der Kunden"
- „Zahl der Wartungsverträge" + „Anzahl der Servicetechniker"
- „Anzahl der Mitarbeiter" + „Umsatz"
- „Anzahl der Rechnungen" + „Anzahl der Buchhalter"
- „Zahl der Kunden" + „Zahl der Kundenberater"
- „Zahl der Reklamationen" + „Anzahl der Servicemitarbeiter"

3. Kennzahlenmethode

Bei der Kennzahlenmethode werden Daten, die sich in der Vergangenheit als stabil erwiesen haben (also Branchenwerte mit festen Bezugsgrößen), zur Prognose genützt.

Die Kennzahlenmethode eignet sich zur Ermittlung des Personalbedarfs für solche Arbeitsplätze, bei denen sich die personelle Kapazität proportional zur Arbeitsmenge verhält.

Mögliche Bezugsgrößen:

Mitarbeiter, Produktionsmengen, Umsatz, Absatz, verkaufte Stückzahlen, geleistete Arbeitsstunden etc.

Wichtig:

Bei den Kennzahlen wird zwischen globalen und differenzierten Kennzahlen unterschieden:

- Globale Kennzahlen/ globale Bedarfsprognose:

    Unternehmensgesamtdaten, die „globalen" Charakter haben.

    → Alle Mitarbeiter des Unternehmens werden in Relation zu Umsatz, Absatz, Stunden, Kosten etc. gesetzt!

    Beispiele:

    - Umsatz pro Anzahl Mitarbeiter
    - Absatz pro Anzahl Mitarbeiter
    - Umsatz pro Personalgesamtkosten
    - Umsatz im Verhältnis zu geleisteten Arbeitsstunden

BEISPIEL: Globale Kennzahlenmethode:

- Die X-GmbH ermittelt für das Jahr 2019 folgende Kennzahlen:
  74,4 Mio. € Umsatz bei 620 Mitarbeitern = 120.000 € pro Mitarbeiter
- Der für die kommende Planungsperiode 2020 angestrebte Umsatz von 81,84 Mio. €
  (Umsatzanstieg um 10 %) wird als Zielgröße zur Ermittlung des Bruttopersonalbedarfes
  genommen.
- Rechnung:
  81,84 Mio. €/X = 120.000 €/MA
  Ergebnis: X (Bruttopersonalbedarf) = 682 MA

- **Differenzierte Kennzahlen/ differenzierte Bedarfsprognose:**

  Detaillierte Unternehmensdaten, die sich auf **begrenzte Personalbereiche/Einzelaufträge** beziehen und mit denen eine zuverlässige Datenrelation hergestellt werden kann.

  → <u>Bestimmte</u> Abteilungen oder Mitarbeitergruppen werden in Relation zu Stunden,
    Kosten, Umsatz etc. gesetzt.

<u>Beispiele:</u>
- Bearbeitete Aufträge pro geleistete Arbeitsstunden
- Arbeitseinheiten pro geleistete Arbeitsstunden

BEISPIEL: Differenzierte Kennzahlenmethode:

- Auf Basis der Erfahrung und des Wissens aus der Vergangenheit hat man ermittelt, dass
  ein Lohn- und Gehaltssachbearbeiter rund 350 Mitarbeiter abrechnen und betreuen
  kann. Nun sollen im nächsten Planungszeitraum aufgrund der geplanten Unternehmensübernahmen die Zahl der zu betreuenden Mitarbeiter um rund 280 Mitarbeiter
  ansteigen.
- Rechnung:
  1/350 = X/280
  X = 0,8
  Ergebnis: Es besteht ein Mehrbedarf von 0,8 Mitarbeitern.

Hinweise:
- Die Qualität der Bedarfsberechnung hängt davon ab, ob Kennzahlen gefunden werden,
  die die spezifischen Arbeitsstruktur- und Produktivitätsbeziehungen einzelner Bereiche
  abbilden.
- Es sollten keine Trendbrüche vorhanden sein.

Überblick über mögliche Kennzahlen/Kennziffern:

Kennzahlen „Mitarbeiter"	Kennzahlen „Personalkosten"	Kennzahlen „Arbeitszeiten"	Kennzahlen „Mitarbeiter- leistungen"
■ Personalbestand ■ Eintritte ■ Versetzungen ■ Austritte ■ Fluktuationsquote ■ Quoten nach Alter, Geschlecht, Bereichen, Ausländeranteil	■ Personalbasiskosten ■ Personalnebenkosten (gesetzlich, tariflich, freiwillig) ■ Kosten der Personalabteilung ■ Personalkosten bezogen auf Mitarbeitergruppen	■ Soll-Zeiten (laut Arbeitsvertrag oder Tarifvertrag) ■ Ist-Zeiten ■ Fehlzeiten ■ Überstunden/ Mehrarbeit ■ Arbeitszeiten bezogen auf Mitarbeitergruppen	■ Arbeitsproduktivität ■ Auftragserledigung ■ Termineinhaltung ■ Reklamationsquote ■ Leistungsquote ■ Fehlerquote

4.1.2 Schätzmethoden

Die Schätzung erfolgt **mit Hilfe der Erfahrung der Führungskräfte und der Experten**, wobei Rahmenbedingungen vorgegeben werden.

Die Schätzmethode findet Anwendung bei nur schwer qualifizierbarem Arbeitsanfall, wie z.B. im **Bereich Forschung oder Verwaltung.**

Welche Schätzmethoden werden unterschieden? ?

Folgende beiden Schätzmethoden werden unterschieden:

1. Einfache Schätzmethode
2. Systematische Schätzmethode, auch Expertenbefragung oder Delphi-Methode genannt

1. Einfache Schätzmethode

Der Personalbedarf wird von den zuständigen Führungskräften aufgrund ihrer Erfahrung und ihres Wissens aus der Vergangenheit geschätzt.

Die Ermittlung erfolgt aufgrund subjektiver Einschätzung einzelner Personen.

Vorgehen bei der einfachen Schätzmethode:

1. Führungskräfte werden angefragt, wie viele Mitarbeiter sie mit welchen Qualifikationen für eine bestimmte Planungsperiode benötigen.
   Die Geschäftsleitung gibt Rahmenbedingungen wie Geschäftsentwicklung, Absatz-/Umsatzrelationen vor.

2. Durchführung einer Plausibilitätsprüfung der Schätzung und Festlegung der Planzahlen des Personalbedarfes.

Hinweise:

- Einfache Schätzverfahren sind geeignet für kleinere und mittlere Unternehmen in einem relativ stabilen Umfeld.
- Sie dienen zur kurz- und mittelfristigen Planung.
- Die Qualität der Schätzung ist abhängig vom Erfahrungswissen der Schätzenden.

Vorteile:

- einfach
- schnell
- kostengünstig

Nachteile:

- subjektiv
- nicht frei von Sonderinteressen

2. Systematische Schätzmethode, Expertenbefragung, Delphi-Methode

Ablauf der systematischen Expertenbefragung:

1. Befragung der betroffenen Führungskräfte und sonstiger Experten nach ihren Schätzungen und Begründungen des Personalbedarfs für den Planungszeitraum - mittels eines systematisch aufgebauten Fragebogens.

2. Nach der Schätzung und Begründung der Schätzung erfolgt die Auswertung und Analyse der Bedarfsschätzung durch den Personalplaner.

3. Rückmeldung dieses zusammengefassten Ergebnisses an die Führungskräfte und Experten sowie Anforderung einer zweiten Schätzung aufgrund der neuen verfeinerten Informationen.

4. Auswertung der zweiten Schätzung und endgültige Festlegung der Planzahlen des Personalbedarfs.

Vorteile:

- Objektivierung der Ergebnisse
- Nutzung des Expertenwissens

Nachteile:

- subjektiv
- Gefahr der Dominanz einzelner Experten
- zeit- und kostenintensiv

4.1.3 Arbeitswissenschaftliche Methoden und Berechnungsformeln

Folgende arbeitswissenschaftliche Methoden werden unterschieden:

1. REFA-Methode
2. MTM-Analyse
3. Stellenplanmethode

1. REFA-Methode

Alle Arbeitsabläufe werden in einzelne Vorgänge zerlegt und der Zeitbedarf pro Teilaufgabe/Mengeneinheit gemessen.

1. Messung des Zeitbedarfs pro Mengeneinheit
2. Dieser wird ins Verhältnis gesetzt zur durchschnittlichen Arbeitszeit
3. Ergebnis: Feststellung des Arbeitskräftebedarfs pro Auftrag

Hinweis:

REFA wird hauptsächlich im **Produktionsbereich** angewandt.

Formeln:

$$\frac{\text{Personalbedarf bzw.}}{\text{Einsatzbedarf}} = \frac{\text{Arbeitsmenge x } \frac{\text{Zeitbedarf je Einheit}}{\text{bzw. Arbeitsvorgang}} \text{ x Verteilzeit}}{\text{Monatliche Regelarbeitszeit je Mitarbeiter}}$$

oder

$$\frac{\text{Personalbedarf bzw.}}{\text{Einsatzbedarf}} = \frac{\text{Rüstzeit + (Einheiten je Auftrag x Zeit je Einheit)}}{\text{Monatliche Regelarbeitszeit je Mitarbeiter x Leistungsfaktor}}$$

Beachte:

Neben dem Einsatzbedarf ist noch ein Reservebedarf durch Fehlzeiten der Mitarbeiter zu berücksichtigen.

$$\text{Bruttopersonalbedarf} = \text{Einsatzbedarf} + \text{Reservebedarf}$$

Verwendungszweck der Daten aus REFA:

- Planung, Steuerung, Kontrolle
- Entlohnung, Lohndifferenzierung (Akkord, Prämienlohn)
- Anforderungsermittlung, Arbeitsbewertung
- Arbeitsgestaltung
- Arbeitsunterweisung

2. MTM-Analyse

MTM = Methods Time Measurement

- In Deutsch auch **Arbeitsablauf-Zeitanalyse** (AAZ) genannt
- Ein Verfahren zur Analyse von Arbeitsabläufen und Ermittlung von Plan- und Vorgabezeiten
    - → „System vorbestimmter Zeiten"
    - → Planung manueller Arbeitsabläufe - hauptsächlich in der industriellen Fertigung
- Alle von Menschen ausgeführten Bewegungen werden auf Grundbewegungen zurückgeführt, für die die benötigte Zeit bekannt ist

Ziele der MTM-Analyse:

- → Sollzeit-Ermittlung für eine vorgegebene Tätigkeit
- → Verbesserung der Effizienz und Beständigkeit bei der Produktion

Vorgehen:

1. **Ablaufanalyse**

    Körperliche Arbeit wird in Grundbewegungen zerlegt.

    Die Grundbewegungen des MTM-Bewegungszyklus sind:

    Hinlangen → Greifen → Bringen → Fügen → Loslassen

2. **Zeitzuordnung**

    Den Grundbewegungen werden Normalzeiten zugeordnet, die aufgrund systematischer Zeitstudien von Fachleuten ermittelt wurden

Vorteile MTM:

- Arbeitsmethoden und Ausführungszeiten lassen sich vor Arbeitsbeginn planen, bewerten und korrigieren
- Kostenvermeidung durch vorherige Ablaufplanung
- Keine Leistungsgradermittlung erforderlich

Nachteile MTM:

- Beschränkung auf voll beeinflussbare Abläufe
- Keine Berücksichtigung von Verteil- oder Erholzeiten
- Studie vor allem bei umfangreichen Tätigkeiten sehr aufwändig

3. Stellenplanmethode

Bei der Berechnung des zukünftigen Personalbedarfs wird ein zukünftiger Stellenplan (oder Stellenbesetzungsplan) über alle Stellen eines Unternehmens angefertigt und eine Vorausberechnung der zukünftigen Stellenbesetzung vorgenommen. Die Differenz ergibt den zukünftigen Personalbedarf.

- Grundlage für die Stellenplanmethode ist der aktuelle Personalbestand im gegenwärtigen Stellenplan, aus dem hervorgeht, welche Stellen bestehen.
- Der künftige Personalbedarf wird nun anhand des Stellenplans und der Stellenbeschreibungen in die Zukunft - aufgrund betrieblicher Veränderungen - systematisch fortgeschrieben.
- Aus dem Bruttopersonalbedarf des Stellenplans ergibt sich dann unter Berücksichtigung des fortgeschriebenen Personalbestandes
  - → eine **Überdeckung** (→ Personalfreistellungsbedarf) **oder**
  - → eine **Unterdeckung** (→ Personalbeschaffungsbedarf).

Hinweis:

Die Stellenplanmethode eignet sich besonders

- **im Verwaltungs- und Dienstleistungsbereich,** wie öffentliche Betriebe, Verwaltungen, Dienstleistungen, Erhaltungsbereiche.
- im Bereich der kurzfristigen Personalbedarfsermittlung (→ Nettopersonalbedarf für die Folgeperiode).

Vorgehen bei der Stellenplanmethode:

> 1. **Stichtagsüberprüfung** des aktuellen Stellen(besetzungs)plans
>
>   **Hinweis:**
>
>   Der Stellen(besetzungs)plan wird aus dem **Organigramm** abgeleitet!

2. **Fortschreibung des aktuellen Stellenbedarfs** um Stellenzugänge und Stellenabgänge für die neue Planungsperiode

3. **Aufstellen eines neuen zukünftigen Stellenplans** über alle Stellen eines Unternehmens
   → Soll-Charakter, Soll-Stellenplan
   → Ergebnis stellt Bruttopersonalbedarf dar

4. **Aufstellung des künftigen Stellenbesetzungsplans**
   → Festlegung der Stellenbesetzung der Mitarbeiter
   → Festlegung der Personalentwicklungsbedarfe der Mitarbeiter

5. **Ermittlung** der nicht einsetzbaren Mitarbeiter und der unbesetzten Stellen
   → Ergebnis stellt **Nettopersonalbedarf** (= zukünftigen Personalbedarf) dar

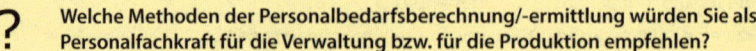

? Welche Methoden der Personalbedarfsberechnung/-ermittlung würden Sie als Personalfachkraft für die Verwaltung bzw. für die Produktion empfehlen?

Methoden der Personalbedarfsberechnung für die Verwaltung	Methoden der Personalbedarfsberechnung für die Produktion
■ **Schätzmethode**, da der Arbeitsanfall in der Verwaltung nur schwer zu berechnen ist und die Erfahrungswerte der Vergangenheit auch noch in der Zukunft Bestand haben ■ **Stellenplanmethode**, wenn aktuelle Stellenpläne bzw. Stellenbesetzungspläne vorhanden sind ■ **Kennzahlenmethode**, wenn Kennzahlen gefunden werden, die die spezifischen Arbeitsstruktur- und Produktivitätsbeziehungen abbilden. Z.B. Kennzahl Betreuungsrelation Kunde zu Mitarbeiter, Dauer von Bearbeitungsvorgängen	■ **Kennzahlenmethode** Der Personalbedarf kann durch in der Vergangenheit ermittelte Kennzahlen, wie bearbeitete Aufträge pro geleistete Arbeitsstunden, Arbeitseinheiten pro geleistete Arbeitsstunden, berechnet werden. ■ **REFA** Arbeitsabläufe werden in einzelne Vorgänge zerlegt und dann wird der Zeitbedarf pro Teilaufgabe/Mengeneinheit gemessen. ■ **MTM** Arbeitsablauf-Zeitanalyse ■ **Abgleiche** mit anderen ähnlich strukturierten Unternehmen

4.2 Methoden zur Ermittlung des Personalbestandes

1. Schritt	**Ermittlung des Bruttopersonalbedarfs (Aspekt „Stellen")**
	Der Bruttopersonalbedarf beschreibt den gesamten Bedarf an Stellen, der in einer Planungsperiode zur Erfüllung der vorgesehenen Aufgaben erforderlich ist.
	Fortschreibung des gegenwärtigen Stellenbestands aufgrund der zu erwartenden Stellenzu- und -abgänge im Planungszeitraum.

Ist-Stellenbestand t_0

\+ Stellenzugänge geplant bis Planungsperiode t_1

\- Stellenabgänge geplant bis Planungsperiode t_1

= Bruttopersonalbedarf t_1

  (Plan-Stellen t_1)

Legende:

t0 = Aktuelle Periode; t1 = Nächste Periode

2. Schritt	**Ermittlung des fortgeschriebenen Personalbestandes (Aspekt „Mitarbeiter")**
	Der Mitarbeiterbestand wird aufgrund der zu erwartenden Personalzugänge und Personalabgänge und der geschätzten Abgänge fortgeschrieben.

Ist-Personalbestand t_0

\+ Personalzugänge sicher bis t_1

\- Personalabgänge sicher und geschätzt bis t_1

= fortgeschriebener Personalbestand t_1

  (Soll-Mitarbeiter t_1)

3. Schritt	**Ermittlung des Nettopersonalbedarfs (= Saldo)**
	Vom Bruttopersonalbedarf wird der fortgeschriebene Personalbestand subtrahiert. So erhält man den Nettopersonalbedarf.

Bruttopersonalbedarf t_1 (= Ergebnis Schritt 1)

\- fortgeschriebener Personalbestand t_1 (= Ergebnis Schritt 2)

= Nettopersonalbedarf t_1

Berechnungsschema zur Ermittlung des Nettopersonalbestands (nach der Stellenplanmethode mit Zahlenbeispiel):

Lfd. Nr.	Berechnungsgröße	Zahlenbeispiel
1	Stellen(!)bestand	187
2	+ Stellenzugänge (geplant)	+ 6
3	- Stellenabgänge (geplant)	- 7
4	= **Bruttopersonalbedarf**	= **186**
5	Personal(!)bestand	184
6	+ Personalzugänge (sicher)	+ 10
7	- Personalabgänge (sicher)	- 8
8	- Personalabgänge (geschätzt)	- 3
9	= **Fortgeschriebener Personalbestand**	= **183**
10	Bruttopersonalbedarf (Zeile 4) minus Fortgeschriebener Personalbestand (Zeile 9) = **Nettopersonalbedarf**	186 - 183 = **3**

Ergebnis:

Im dargestellten Zahlenbeispiel liegt also eine Personalunterdeckung von 3 Mitarbeitern vor.

Hinweis:

Das Vorgehen der Personalbedarfsbestimmung/Ermittlung des Nettopersonalbedarfes wird zum Teil auch in **vier Schritten** dargestellt. In diesem Fall ist der **4. Schritt die Abstimmung und Planung der aus dem Ergebnis resultierenden Personalmaßnahmen**, wie Personalbeschaffungsmaßnahmen, Personalabbaumaßnahmen, Personalentwicklungsmaßnahmen etc.

 Welche Ergebnisse sind bei der Nettopersonalbedarfsrechnung möglich?

Aus dem Ergebnis der Nettopersonalbedarfsrechnung ergibt sich folgender Handlungsbedarf:

1. **Nettopersonalbedarf größer 0**, dann besteht eine **Unterdeckung**, d.h., Personalbeschaffung und Personaleinstellungen sind notwendig.

2. **Nettopersonalbedarf kleiner 0**, dann besteht eine **Überdeckung**, d.h., Personalabbau ist notwendig.
3. **Nettopersonalbedarf gleich 0**, dann besteht **kein Handlungsbedarf** in Bezug auf Personaleinstellung bzw. –abbau. In diesem Fall sollte allerdings die Personalentwicklung intensiviert werden.

Wodurch erfolgen Personalabgänge und Personalzugänge beim fortgeschriebenen Personalbestand?

Personalabgänge erfolgen durch ...	Personalzugänge erfolgen durch ...
■ Kündigung (durch Arbeitgeber oder Arbeitnehmer)	■ Neueinstellung z.B. aufgrund Kapazitätserweiterungen, Filialgründungen etc.
■ Aufhebungsvertrag	■ Rückkehr von Bundeswehr
■ Betriebsschließung	■ Rückkehr aus Mutterschutz/Elternzeit
■ Renteneintritt/Pensionierung	■ Rückkehr aus Sabbatical/unbezahltem Urlaub
■ Wechsel zu Bundeswehr	■ Rückkehr von Fortbildung/Studium
■ Wechsel in Mutterschutz/Elternzeit	■ Übernahme aus Ausbildungsverhältnis
■ Wechsel ins Sabbatical/sonstiger unbezahlter Urlaub	■ Versetzung/Beförderung
■ Wechsel zu Ausbildung oder Fortbildung oder Studium	
■ Versetzung	
■ Tod des Arbeitnehmers	

Welche Arten des Personalbedarfs werden unterschieden? ?

Arten des Personalbedarfs:

Einsatzbedarf	Bedarf, der die personelle Kapazität abdeckt, die mindestens zur **Erfüllung der Ziele** (→ **Tagesgeschäft**) ständig eingesetzt wird.
Reservebedarf	Bedarf, der die unvermeidlichen Ausfälle, Abwesenheiten und Notsituationen berücksichtigt. **= Zusätzliches Personal für Engpässe bzw. Notsituationen** Beispiele: Urlaub, Krankheit, Überstundenabbau, Einarbeitungszeit, Unfall, Personalentwicklungszeiten, Rufbereitschaft

	Hinweise: ■ Reservebedarf wird im Allgemeinen mit Hilfe einer durchschnittlichen Fehlquote vom Einsatzbedarf errechnet. ■ Einsatzbedarf + Reservebedarf = Bruttopersonalbedarf
Ersatzbedarf	Bedarf aufgrund ausscheidender Mitarbeiter während der Planungsperiode. = **Wiederbesetzung frei werdender Stellen** Beispiele: Rente, Tod, Invalidität, Kündigung, Beförderung, Versetzung
Neubedarf	Bedarf aufgrund **neu** geplanter bzw. neu genehmigter Stellen im Planungszeitraum. Hier handelt es sich um Kapazitätserweiterungen. = **Erweiterungsbedarf** Beispiele: Zusätzlicher Personalbedarf wegen Produktionserweiterung oder Erschließung neuer Aufgaben bzw. neuer Arbeitsgebiete, Expansion des Unternehmens oder einzelner Bereiche, Erhöhung der Betriebskapazität, Hochkonjunktur, Schaffung neuer sozialer Einrichtungen (Kindergarten, Kantine etc.)
Zusatzbedarf	Bedarf an kurzfristigem zusätzlichem Personal aufgrund eines z.B. saisonalen Arbeitsbedarfs. = **Vorübergehender zeitlich befristeter Personalbedarf** Beispiele: Weinernte, Spargelernte, aber auch Erziehungsurlaub, Elternzeit, Arbeitnehmerüberlassung/Leasingkräfte, Inventur
Mehrbedarf	Bedarf bei gleicher Kapazität und Menge aufgrund **gesetzlicher oder tariflicher Veränderungen.** Beispiele: Verkürzung der tariflichen Arbeitszeit; Erfordernis, bestimmte Spezialisten einzustellen
Nachholbedarf	Bedarf aufgrund noch **offener Planstellen** der zurückliegenden Planungsperiode.
Minderbedarf	Rückgang des Personalbedarfs z.B. nach Rationalisierungsmaßnahmen, bei Rezession, Auftragsrückgang, Liquiditätskrisen etc. = **Personaleinschränkung** **Hinweis:** Minderbedarf führt dann zu Freistellungsbedarf, wenn die "überflüssigen" Mitarbeiter nicht anderweitig im Unternehmen eingesetzt werden können, z.B. nach Durchführung von Qualifizierungsmaßnahmen.

Freistellungsbe-darf	**Personalüberschuss, der abgebaut werden muss.**
	Beispiele:
	Personalabbau wegen Absatzschwierigkeiten, Produktionseinschränkungen, Betriebsstilllegungen, Schließung von Betriebsteilen/Filialen

Welche Statistiken können zur Prognose des Personalbestandes herangezogen werden?

Statistiken der Bestandsentwicklung:

- Fluktuationsstatistik
- Altersstatistik
- Altersstrukturstatistik
- Statistik der Personalbestände
- Statistik der durchschnittlichen Verbleibenszeiträume
- Statistik über Anwesenheit, Abwesenheit und Fehlzeiten

4.3 Profile durch Arbeits(platz)bewertung

? **Was versteht man unter einer Arbeitsplatzbewertung?**

Unter einer Arbeitsplatzbewertung versteht man die Bewertungen der Anforderungen des Arbeitsplatzes; man ermittelt also den Schwierigkeitsgrad des zu besetzenden Arbeitsplatzes und legt ihn fest.

= Welche Anforderungen stellt der Arbeitsplatz an den Stelleninhaber?

Aus diesen Erkenntnissen lassen sich die Fähigkeits– und Eignungsprofile der benötigten Personen ableiten.

= Welches Eignungsprofil braucht der Mitarbeiter für den entsprechenden Arbeitsplatz?

Soll-Zustand	Ist-Zustand
Anforderungsprofil des Arbeitsplatzes	**Eignungs– und Potenzialprofil** des Mitarbeiters
■ Tätigkeit ■ Anforderungen ■ Veränderungen	■ Person (Fähigkeiten, Fertigkeiten Kenntnisse) ■ Interessen und Bedürfnisse ■ Entwicklungspotenzial
Mittels Anforderungsanalyse (wie aufgaben– oder verhaltensanalytische Untersuchungen)	**Mittels Verfahren der Eignungsdiagnostik** (wie Arbeitsproben, Testverfahren)

4.3.1 Fähigkeitsprofil durch Personalbeurteilung

DEFINITION ANFORDERUNGSPROFIL

Unter einem Anforderungsprofil versteht man eine systematische und detaillierte Beschreibung der Art und Ausprägung der **typischen und wesentlichen Arbeitsanforderungen einer Stelle**.

Durch Analyse der Tätigkeiten des Arbeitsplatzes werden die Anforderungen an den Stelleninhaber ermittelt und bewertet.

DEFINITION ANFORDERUNGEN

Anforderungen sind die Summe aller Fähigkeiten und Qualifikationen, denen ein Bewerber bzw. Mitarbeiter gerecht werden muss, um die betreffende Stelle optimal auszufüllen.

BEACHTE

Anforderungsprofile sind grundsätzlich **unabhängig vom Stelleninhaber** zu verfassen.

In welchen Schritten geht man bei der Erstellung von Anforderungsprofilen vor? **?**

Vorgehen bei der Erstellung von Anforderungsprofilen:

1. Schritt: Festlegung der erforderlichen Fähigkeiten und Qualifikationen für die Stelle durch **Analyse der Tätigkeiten des Arbeitsplatzes,** sowie Analyse der Umweltbedingungen und der Unternehmensbedingungen.

2. Schritt: **Festlegung der Anforderungsmerkmale**

3. Schritt: **Einteilung der Merkmale** in Muss- und Sollkriterien (**Bedeutung**) und/oder Festlegung der geeigneten Skalierung für die **Ausprägung des Merkmals**, d.h., in welchem Ausprägungsgrad das jeweilige Anforderungsmerkmal vorhanden sein soll.

Welche Anforderungsmerkmale/-arten werden nach dem Genfer Schema und nach REFA unterschieden? **?**

Der Stelleninhaber wird durch die Anforderungen des Arbeitsplatzes beansprucht. Er muss zur Erfüllung der ihm gestellten Aufgaben über bestimmte Fähigkeiten wie Ausbildung, Erfahrung und Eignung verfügen.

Nach dem Genfer Schema werden vier Anforderungsarten unterschieden:

- Können
- Belastung
- Verantwortung
- Arbeitsbedingungen

REFA erweitert das Genfer Schema und definiert folgende sechs Anforderungsarten:

- Kenntnisse (Ausbildung/Studium, Erfahrung)
- Geschicklichkeit (Handfertigkeit, Gewandtheit)
- Verantwortung (für die eigene Arbeit, die Arbeit anderer, die Sicherheit anderer, Arbeitsabläufe, Termintreue)
- Geistige Belastung (Aufmerksamkeit)
- Muskelbelastung (dynamisch, statisch, einseitig)
- Umgebungseinflüsse (wie Lärm, Temperatur, Beleuchtung, Gase, Schmutz, Erschütterungen, Unfallgefahr)

Beispiel eines allgemeinen Anforderungsprofils:

Anforderungsmerkmale		Ausprägung		
Anforderungs-arten	Beispiele	muss	mittel	weniger wichtig
Können	**Fachliche Anforderungen/Qualifikationen wie** Schulbildung, Ausbildung, Studium, Fremdsprachenkenntnisse, AEVO-Prüfung, Zusatzqualifikationen, Branchenkenntnisse, Produktkenntnisse			
Belastung	**Geistige Belastung wie** logisches Denkvermögen, Kreativität, Gedächtnisleistung, Stressbewältigung, Frustrationstoleranz **Körperliche Belastung wie** körperliche Fitness, Bewegungsfähigkeit, Ausdauer, Kraft, Geschicklichkeit, sorgfältiges und systematisches Arbeiten auch bei hoher Arbeitsbelastung			
Verantwortung	Verantwortung für die eigene Arbeit, die Arbeit anderer, die Sicherheit anderer, Arbeitsabläufe, Termintreue, Verantwortungsbewusstsein, Führungsverhalten, unternehmerisches Denken, Sorgfalt			
Arbeitsbedingungen	Teamfähigkeit, Flexibilität, Mobilität, Lärm, Temperatur, Beleuchtung, Gase, Schmutz, Erschütterungen, Unfallgefahren			

4.3.2 Eignungsprofil

DEFINITION EIGNUNGSPROFIL

Unter einem Eignungsprofil versteht man die Summe aller fachlichen und persönlichen Eignungsmerkmale, die einen Bewerber oder Mitarbeiter befähigen, einen bestimmten Arbeitsplatz erfolgreich auszufüllen.

Eignungsprofile bilden das Gegenstück zum Anforderungsprofil.

→ **Mitarbeiterbezogen**

Hinweis:

Je höher die Übereinstimmung zwischen dem Anforderungsprofil und dem Eignungsprofil des Bewerbers/Mitarbeiters ist, desto besser ist er für die Stelle geeignet.

BEACHTE

Die Eignung eines Mitarbeiters ist <u>nicht</u> statisch, sondern verändert sich durch Übung, Erfahrung und Weiterbildung, aber auch durch gesundheitliche Probleme und Beeinträchtigungen.

1. Auswahl geeigneter **Merkmale**

2. Festlegung einer geeigneten **Skalierung** für die Ausprägung des Merkmals

3. Auswahl eines geeigneten **Verfahrens** zur „Messung der Merkmale"

4. **Durchführen** des Verfahrens und Ermittlung der Messwerte

5. Vergleich des Eignungsprofils mit dem Anforderungsprofil:
   Soll-Ist-Vergleich

? In welchen Schritten erfolgt der Ablauf einer Einstellung?

Ablauf einer Einstellung/ eines Einstellungsverfahrens:

1. Personalanforderung und Stellenbeschreibung

- Stellenbeschreibung
- Anforderungsprofil

2. Interne bzw. externe Personalwerbung

- Innerbetriebliche Stellenausschreibungen
- Stellenanzeigen des Unternehmens in Zeitungen, auf eigene Homepage etc. setzen
- Stellenangebot der Bundesagentur für Arbeit
- Initiativbewerbungen von Arbeitsuchenden durchgehen

3. Bewerbungseingang und erste Vorauswahl

- Bewerbungen sichten und beurteilen anhand Eignungsprofil und Soll-Ist-Vergleich
- Vorauswahl auf Grund eingereichter Bewerbungsunterlagen:
  ABC-Analyse der Bewerbungsunterlagen und Eignungsfeststellung
- → Absage an ungeeignete Bewerber

4. Auswahlverfahren, insbesondere Vorstellungsgespräch

- Psychologische Tests
- Assessment Center
- Interviews, Gruppendiskussionen
- Biografische Fragebögen
- Grafologische Gutachten
- Arbeitsproben
- Feststellung der körperlichen Belastbarkeit

5. Entscheidung über Stellenbesetzung und Einstellung

- Zustimmung des Betriebsrats nach § 99 BetrVG
- Bei Neueinstellung: Erstellen eines Arbeitsvertrags
- Bei Betriebsangehörigen: Versetzung auf den neuen Arbeitsplatz
- → Absage an erfolglose Bewerber

4.4 Maßnahmen zur Anpassung des Personalbedarfs

? **Was versteht man unter einer Personalanpassungsplanung?**

Die Personalanpassungsplanung stellt den Oberbegriff für alle Maßnahmen dar, die aufgrund der Ergebnisse der Personalbedarfsermittlung eingeleitet werden müssen, wie

1. **Personalaufbau** bei Personalunterdeckung (→ Personalbeschaffungsplanung),
2. **Personalabbau** bei Personalüberdeckung (→ Personalabbauplanung) oder
3. **Personalentwicklung** bei Qualifikationsdefiziten (→ Personalentwicklungsplanung).

? **Welche Fragen sind bei der Personalbeschaffungsplanung zu beantworten?**

Bei der Personalbeschaffungsplanung sind folgende Fragen im Vorfeld zu beantworten:

- Wo finde ich das Personal, das ich brauche?
- Soll die Stelle intern oder extern besetzt werden?
- Wie sieht der regionale Arbeitsmarkt aus?
- Welche Beschaffungswege sollen gewählt werden?
- Gibt es eine Stellenbeschreibung für die zu besetzende Stelle? Wie ist das Anforderungsprofil der zu besetzenden Stelle?
- Ab wann ist die Stelle zu besetzen?
- Handelt es sich um einen befristeten oder einen unbefristeten Arbeitsplatz?
- Handelt es sich um eine Vollzeit- oder Teilzeitstelle?
- Besteht die Möglichkeit, die Stelle intern zu besetzen, indem wir einen Mitarbeiter aus einer anderen Abteilung/Filiale/Niederlassung versetzen?
- Sind wir gezwungen, auf Zeitarbeitnehmer zurückzugreifen?

? **Was versteht man unter einer Personalabbauplanung?**

Die Personalabbauplanung beschäftigt sich mit der **Reduzierung der personellen Kapazität.**

Diese Reduzierung kann auf folgende Arten erfolgen durch

- **direkte (→ aktive)** Abbaumaßnahmen
  - → aktives und direktes Senken der Kopfzahlen
  - → "hartes" Instrument der Entlassung
- **indirekte (→ passive)** Abbaumaßnahmen
  wie **Arbeitszeitgestaltung** und langfristiger Stellenabbau <u>ohne</u> **Kündigungen**
  - → vorbeugend
  - → passives langfristiges Senken der Kopfzahlen ohne Kündigung der eigenen Arbeitnehmer
  - → "weiches" Instrument
- **indirekte Maßnahmen, also Maßnahmen der Produktionsplanung**

Welche Maßnahmen zur Reduzierung des Personalbestandes werden unterschieden?	?

Maßnahmen zur Reduzierung des Personalbestandes:

Direkte Abbaumaßnahmen	Indirekte Abbaumaßnahmen	Indirekte Maßnahmen
= **Kopfzahlen senken, „hartes" Instrument der Entlassung**	= **vorbeugend, ohne Kündigung der eigenen Arbeitnehmer, „weiches" Instrument**	= **Maßnahmen der Produktionsplanung**
■ Betriebsbedingte Kündigungen ■ Aufhebungsverträge (mit Abfindung) ■ („Anreize zur") Eigenkündigung ■ Entlassungen, Massenentlassungen ■ Vorruhestand, Frühpensionierung ■ Altersteilzeit	1. **Langfristiger Stellenabbau ohne Kündigungen** → Einstellungsstopp und Ausnutzen der natürlichen Fluktuation → Nichtverlängern von Zeitverträgen → Abbau von Leiharbeitnehmern → Abbau von Werkverträgen 2. **Arbeitszeitgestaltung** → Abbau von Mehrstunden, Resturlaub → Abbau von Schichten, Kurzarbeit → Umwandlung von Vollzeit- in Teilzeitarbeitsplätze → Gewährung von Sabbaticals, unbezahltem Urlaub → Veränderung der Regelarbeitszeit	■ Erweiterte Lagerhaltung ■ Rücknahme von Fremdaufträgen ■ Vorziehen von Reparatur-, Wartungs- und Erneuerungsarbeiten ■ Kurzfristige Erweiterung des Produktionsprogramms ■ Kurzfristige Verschiebung von Rationalisierungsmaßnahmen ■ Übernahme von Aufträgen anderer Firmen ■ Insourcing

Welche Ursachen können einen Personalüberhang bewirken?

Mögliche Ursachen für Personalüberhang:

- Absatz-/Produktionsrückgang
- Strukturelle oder saisonale Veränderungen
- Betriebsstilllegungen
- Outsourcing
- Standortverlegungen
- Reorganisation
- Technologischer Fortschritt

 Welche Kriterien sind bei der Wahl der Abbauinstrumente ausschlaggebend?

Kriterien für die Wahl der Abbauinstrumente sind u.a.:

- Anlass des Personalabbaus
- Kosten des Personalabbaus
- Unternehmensimage
- Ausmaß des Personalüberhangs
- Mitarbeiterstruktur
- Zeitlicher Rahmen
- Rechtlicher Rahmen
- Auswirkung auf die Mitarbeiter

? Was ist beim Personalaustritt zu beachten?

- Erstellen von Kündigungen, Aufhebungsverträgen
- Rückgabe von Arbeitsgegenständen sowie Erstellung und Übergabe der Arbeitspapiere
- Erteilen eines Arbeitszeugnisses
- Überprüfung und Abschluss der Lohnabrechnung
- Abschlussgespräch
- Dokumentation und Archivierung der Personalakte etc.

Welche Beteiligungsrechte hat der Betriebsrat bei Personalabbaumaßnahmen?

§ 99 BetrVG	Der Betriebsrat hat <u>vor</u> jeder **Versetzung/Umgruppierung zuzustimmen.**
§ 95 BetrVG	**Auswahlrichtlinien** für Versetzung/Umgruppierung bedürfen der **Zustimmung** des Betriebsrats.
§ 102 BetrVG	Der Betriebsrat ist <u>vor</u> jeder **Kündigung zu hören.**
§ 111 BetrVG	Der Betriebsrat hat bei **Betriebsänderungen** ein Informations– und Beratungsrecht.
§ 112 BetrVG	Der Betriebsrat hat beim **Aufstellen eines Interessenausgleichs** sowie beim Abfassen eines **Sozialplans** ein Mitwirkungsrecht.
§ 87 BetrVG	Der Betriebsrat hat in allen **sozialen Angelegenheiten** ein **Mitbestimmungsrecht,** z.B. bei Arbeitszeitregelungen.

Kurzarbeit

DEFINITION KURZARBEIT

Kurzarbeit stellt eine **temporäre Verringerung** der betrieblichen regelmäßigen Arbeitszeit dar.

Welche Ziele werden mit dem Kurzarbeitergeld verfolgt?

Hauptziel des Kurzarbeitergeldes ist, **die bestehenden Arbeitsverhältnisse im Betrieb während der Zeit des Ausfalls aufrechtzuerhalten.**

Unterziele des Kurzarbeitergeldes:

→ Auftragsschwankungen mit Arbeitsausfällen zu überbrücken.

→ Den Betrieben sollen die eingearbeiteten Mitarbeiter, Fachkräfte und Know-how-Träger erhalten bleiben.

→ Vermeiden von Kündigungen und den damit verbundenen Rechtsstreitigkeiten.

→ Senkung der Personalkosten bei Auftragsflaute.

→ Den Arbeitnehmern soll ein Teil des durch die Kurzarbeit bedingten Lohnausfalls ersetzt werden.

? **Wie lange und in welcher Höhe gibt es Kurzarbeitergeld? Und welche Voraussetzungen müssen für einen Kurzarbeitergeldanspruch vorliegen?**

Dauer des Kurzarbeitergeldes:

Maximal 12 Monate nach § 104 Abs.1 SGB III:

Kurzarbeitergeld wird für den Arbeitsausfall für eine Dauer von **längstens zwölf Monaten** von der Agentur für Arbeit geleistet. Die Bezugsdauer gilt einheitlich für alle in einem Betrieb beschäftigten Arbeitnehmerinnen und Arbeitnehmer.

Höhe des Kurzarbeitergeldes:

Die Höhe des Kurzarbeitergeldes nach **§ 105 SGB III entspricht der des Arbeitslosengeldes.**

Kurzarbeitergeld beträgt für Arbeitnehmer mit mindestens einem Kind 67 Prozent und für alle anderen 60 Prozent des um die gesetzlichen Abzüge verminderten Arbeitseinkommens für die Dauer der Kurzarbeit.

Voraussetzungen für einen Kurzarbeitergeldanspruch nach § 95 SGB III:

- Erheblicher Arbeitsausfall mit Entgeltausfall nach § 96 SGB III
- Erfüllung der betrieblichen Voraussetzungen nach § 97 SGB III
- Erfüllung der persönlichen Voraussetzungen nach § 98 SGB III
- Schriftliche Anzeige des Arbeitsausfalls bei der Agentur für Arbeit nach § 99 SGB III

Hinweise:

- Die Agentur für Arbeit überprüft, ob die Regelvoraussetzungen nach §§ 95 - 99 SGB III vorliegen.
- Bei Kurzarbeit wird vom Arbeitgeber nur die tatsächlich geleistete Arbeitszeit bezahlt. Für den Netto-Verdienstausfall gibt es vom Arbeitsamt das Kurzarbeitergeld.
- Das Kurzarbeitergeld wird vom Arbeitsamt an den Arbeitgeber gezahlt, der es anschließend den Arbeitnehmern auszahlt.

 In welchen Schritten ist bei der Einführung von Kurzarbeit vorzugehen?

1. Prüfung der Voraussetzungen für Kurzarbeit
2. Vorabklärung bei der zuständigen Agentur für Arbeit, ob die Zahlung von Kurzarbeitergeld zu erwarten ist
3. Beratung mit dem Betriebsrat über Einführung der Kurzarbeit
4. Zustimmung des Betriebsrates nach § 87 Abs.1 Nr.3 BetrVG einholen, möglichst Betriebsvereinbarung über Kurzarbeit abschließen
5. Vorabinformation der Führungskräfte über die beabsichtigte Kurzarbeit

6. Anzeige der Kurzarbeit bei der Agentur für Arbeit gemäß § 99 SGB III
7. Prüfung der Regelvoraussetzungen durch die Agentur für Arbeit
8. Schriftliche Verpflichtung der Agentur für Arbeit, Kurzarbeitergeld zu gewähren
9. Bekanntmachung im Betrieb, evtl. Ankündigungsfrist in Tarifverträgen beachten
10. Nach Ablauf der (tariflichen) Ankündigungsfrist: Kurzarbeit durchführen

Welche Vor- und Nachteile bietet die Kurzarbeit? **?**

Vorteile der Kurzarbeit	Nachteile der Kurzarbeit
■ Kostengünstig, Senkung der Personalkosten im Unternehmen	■ Gefahr der Abwanderung qualifizierter Mitarbeiter
■ Kurzfristige Realisierbarkeit, relativ einfache Umsetzung	■ Erhöhter Verwaltungsaufwand (Beantragung, Listenführung, Lohnabrechnung)
■ Erhalt von Arbeitsplätzen und damit Bindung qualifizierter Arbeitskräfte an das Unternehmen	■ Imageverlust, weil Betrieb als krisenanfällig gilt
■ Zeitgewinn für das Unternehmen, um andere Maßnahmen zu treffen, wirksame Anpassungsfähigkeit	■ Finanzielle Nachteile für die Mitarbeiter (nur 60 % bzw. 67 % der Nettoentgeltdifferenz)
■ Zumutbar gegenüber den Betroffenen, keine Notwendigkeit zu betriebsbedingten Kündigungen und damit verbundenen möglichen Rechtsstreitigkeiten	■ Nur kurzfristige Entlastung für das Unternehmen, langfristig muss es wieder für eine Auslastung des Betriebs sorgen

Welche Maßnahmen können die Kurzarbeit flankieren? **?**

Flankierende Maßnahmen bei der Kurzarbeit können sein:

- Marketingaktivitäten
- Preis- und Produktvariationen
- Produktion auf Lager
- Rücknahme von Fremdaufträgen
- Gezielte Urlaubsplanung
- Flexible Arbeitszeitmodelle
- Abbau von Überstunden
- Zeitablauf von befristeten Verträgen

4.5 Ziele, Inhalte und Notwendigkeit der Personalentwicklungsplanung

? Was versteht man unter Personalentwicklung und unter Personalentwicklungsplanung?

DEFINITION PERSONALENTWICKLUNG PE

Die Personalentwicklung beinhaltet alle planmäßigen personen-, stellen- und arbeitsplatzbezogenen Maßnahmen zur Ausbildung, Erhaltung oder Wiederherstellung der beruflichen Qualifikation.

→ Grundsätzlich zielt die Personalentwicklung darauf ab, gegenwärtige und zukünftige Anforderungen an Mitarbeiter und Arbeitsplatz zu erfüllen.

DEFINITION PERSONALENTWICKLUNGSPLANUNG

Unter einer Personalentwicklungsplanung versteht man die Gesamtheit aller Planungsmaßnahmen, welche die Verbesserung der Mitarbeiterqualifikationen zum Ziel haben.

? Welche Ziele und Aufgaben verfolgt die Personalentwicklungsplanung?

Zentrale Aufgabe der Personalentwicklung ist die **Erhaltung und Erhöhung der beruflichen Handlungskompetenz.**

Ziele und Aufgaben der Personalentwicklungsplanung:

- Festlegung der Ziele, die erreicht werden sollen (= **Zielbestimmung**)
- Feststellung des Bildungsbedarfs und Prognose der Bildungserfordernisse (= **Entwicklungsbedarfsermittlung**)
- Festlegung von Bildungs– und Entwicklungsmaßnahmen, sowie der sich daraus ergebenden organisatorischen, personellen, finanziellen und zeitlichen Voraussetzungen (= **Planung der Entwicklungsbedarfsdeckung**)
- Kontrolle, ob die geplanten Entwicklungsziele durch die ergriffenen Maßnahmen erreicht worden sind. Dies kann durch eine Ergebnis– oder Verhaltenskontrolle erfolgen (= **Zielerreichungskontrolle**)

Welche Ziele, welchen Nutzen und welche Notwendigkeit hat die Personalentwicklungsplanung aus Unternehmersicht und aus Mitarbeitersicht?

Ziele und Nutzen der Personalentwicklungsplanung aus Unternehmenssicht	Ziele und Nutzen der Personalentwicklungsplanung aus Mitarbeitersicht
■ Sicherung des notwendigen Bestands an Fach- und Führungskräften sowie an Nachwuchskräften ■ Gewinnerzielung durch qualifizierte Mitarbeiter ■ Erhaltung und Verbesserung der Wettbewerbsfähigkeit ■ Erhaltung und Erhöhung der fachlichen, methodischen und sozialen Qualifikationen der Mitarbeiter ■ Anpassung an die Erfordernisse der Technologie- und Marktverhältnisse ■ Senkung der Fluktuation; Erhöhung der Motivation der Mitarbeiter ■ Verbesserung des Unternehmensimages ■ Verbesserung des Leistungs- und Führungsverhaltens der Mitarbeiter ■ Größere Unabhängigkeit vom externen Arbeitsmarkt	■ Sicherung des eigenen Arbeitsplatzes ■ Erhöhung des Einkommens bzw. Sicherung eines ausreichenden Arbeitseinkommens ■ Anpassung der persönlichen Qualifikationen an die Ansprüche und Anforderungen des Arbeitsplatzes ■ Verbesserung der Aufstiegschancen ■ Möglichkeit zur Entfaltung eigener Fähigkeiten bis hin zur Selbstverwirklichung am Arbeitsplatz ■ Mehrung des persönlichen Ansehens, sozialer Aufstieg ■ Übernahme größerer Verantwortung ■ Erschließung bisher ungenutzter persönlicher Fähigkeiten

Welche typischen Phasen durchläuft die Personalentwicklungsplanung?

Schritte der Personalentwicklungsplanung:

Schritte	Beschreibung	Instrumente
1. Schritt: **Soll-Analyse/** **Soll-Zustand** Ermittlung der Anforderungen an die Stelle	Analyse der **aktuellen und zukünftigen Arbeitsanforderungen** für die (geplante) Stelle. Es gibt Muss-Anforderungen und Soll-Anforderungen.	■ Anforderungsprofil ■ Stellenbeschreibung ■ Aufgabenanalyse ■ Anforderungsanalyse ■ Stellendaten

Schritte	Beschreibung	Instrumente
2. Schritt: **Ist-Analyse/** **Ist-Zustand** Ermittlung der Mitarbeiterqualifikation	**Analyse der** ■ aktuellen Qualifikationen, ■ Potenziale, ■ Entwicklungswünsche und ■ Interessen des Mitarbeiters.	■ Frühere Beurteilungen ■ Vorgesetztenbefragung ■ Leistungs- und Potenzialbeurteilung durch den Vorgesetzten ■ Tests ■ Arbeitsproben ■ Assessment Center ■ Workshops ■ Mitarbeiter-Potenzialanalyse ■ Personalakte ■ Mitarbeitergespräche, Personalentwicklungsgespräche ■ Selbsteinschätzung des Mitarbeiters ■ Mitarbeiterbefragung der Wünsche durch freie Abfrage im Gespräch oder durch einen strukturierten Fragebogen
3. Schritt: **Soll-Ist-Vergleich und Ermittlung des PE-Bedarfs** (quantitativ, qualitativ)	Die **Differenz** zwischen Ist- und Soll-Zustand ermöglicht eine genaue Bewertung der einzelnen Anforderungen und führt zur Formulierung des Weiterbildungsbedarfs in quantitativer und qualitativer Sicht sowie zur Ableitung spezifischer Personalentwicklungsziele.	■ Vergleich des Anforderungsprofils mit dem Eignungsprofil ■ Abweichungsanalyse ■ Profilvergleichsanalyse
4. Schritt: **Planung der PE-Maßnahmen**	Durch die vorhergehende PE-Bedarfserhebung können nun die Bildungsmaßnahmen **maßgeschneidert** werden. Bei der Planung sind insbesondere die Zeit, die Kosten und die Methoden zu berücksichtigen.	■ Schulung ■ Computer Based Training ■ Web Based Training ■ Training on-the-job ■ Nachwuchsförderprogramme ■ Job-Rotation ■ Assessment Center ■ Coaching ■ Mentoring ■ Fachliteratur etc.

Schritte	Beschreibung	Instrumente
5. Schritt: **Durchführung der PE-Maßnahmen** (Intern, extern)	Bei Weiterbildungsmaßnahmen ist es wichtig, sich zu entscheiden, → ob die Bildungsmaßnahme intern oder extern durchgeführt werden soll und → ob ein externer oder interner Trainer die Maßnahme durchführen soll.	■ Externe oder interne Durchführung der Qualifizierungsmaßnahmen? ■ Externer oder interner Trainer?
6. Schritt: **Kontrolle und Transfer der Weiterbildungs-maßnahme**	Die Erfolgskontrolle misst und bewertet die Effektivität und Effizienz erfolgter Personalentwicklungsmaß-nahmen. Denn, nur durch Kontrollen kann überprüft werden, ob die PE-Maßnahme erfolgreich war. **Überprüfen der Qualität und der Ergebnisse:** → Wurden die gesteckten Ziele durch die ergriffenen PE-Maßnahmen erreicht? → Liegt Lernerfolg, Transfererfolg, Anwendungserfolg und Return on Investment ROI vor? **Hinweis:** Bildungsmaßnahmen sind erst dann erfolgreich abgeschlossen, wenn die Mitarbeiter das Gelernte am Arbeits-platz dauerhaft zur Bewältigung ihrer Aufgaben anwenden.	Überprüfung der Weiterbil-dungsmaßnahme anhand konkreter Ziele/Kennzahlen mittels ■ Ergebnisplan ■ Befragung ■ Feedback ■ Test ■ Seminarfragebogen ■ Beobachtung am Arbeits-platz ■ Leistungsbeurteilung durch den Vorgesetzten ■ Arbeitsproben etc.

4.5.1 Zusammenhang zwischen Personalbedarfs– und Entwicklungsplanung

? Wie beeinflussen sich Personalbedarfs– und Entwicklungsplanung gegenseitig?

Folgende Einflussgrößen der Entwicklungsplanung wirken sich auf die Personalbedarfs-
entwicklung aus:

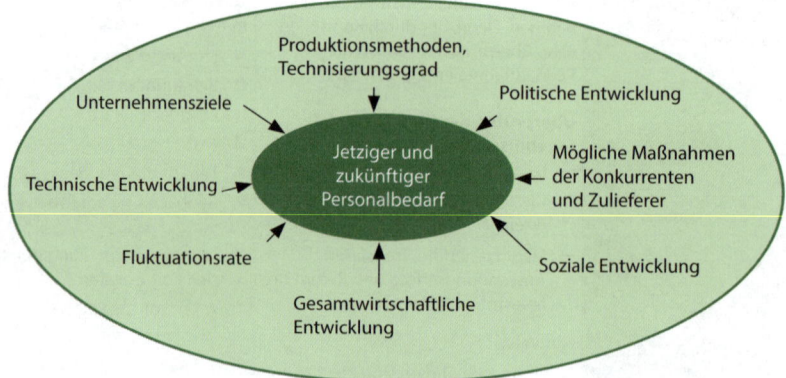

Diese Einflussgrößen auf den Personalbedarf lösen unweigerlich kurz– oder langfristige Ent-
wicklungs– und Anpassungsmaßnahmen aus.

? Welchen Grundsätzen folgt die Personalentwicklungsplanung?

Grundsätze der PE-Planung	Erläuterung der Grundsätze
Wie sollte die PE-Planung sein?	Warum soll man danach handeln und wie setzt man diese Grundsätze in den Unternehmen um?
bedarfsbezogen	**Es muss im ersten Schritt eine Bedarfsanalyse** - unter Berücksichtigung der Unternehmensziele - **erstellt werden,**
	z.B. durch Mitarbeitergespräche, Tests, Organisationspläne, Personalakten, Dokumentenanalyse etc.

Grundsätze der PE-Planung	Erläuterung der Grundsätze
vorausschauend	**Anpassung an die Erfordernisse** der Technologie, der Marktverhältnisse und an die Veränderungen im Unternehmen selbst, um die Unternehmensziele zu erreichen, z.B. durch Karriere- und Nachfolgeplanung
präventiv	**Flexibilität** der Mitarbeiter, Aufbau von Potenzialreserven, um bei plötzlichen **Änderungen** auf geeignete Mitarbeiter zugreifen zu können, z.B. durch Jobrotation, Karriere- und Laufbahnplanung
leistungsorientiert	Um **Motivations- und Leistungssteigerung** bei den Mitarbeitern zu bewirken und aus Kostengesichtspunkten, z.B. durch Mitarbeiterbeurteilungen, Tests, Mitarbeitergespräche
qualifikationsorientiert	**Der richtige Mitarbeiter soll an richtiger Stelle sitzen,** Erhöhung der fachlichen und sozialen Qualifikation der Mitarbeiter und Verbesserung der Leistungsfähigkeit und -bereitschaft

4.5.2 Karriere- und Laufbahnplanung als Element der Personalentwicklungsplanung

Die Karriere- und Laufbahnplanung ist ein strategisch wichtiger Teilbereich der Personalentwicklung.

Für Unternehmen macht es Sinn, die Laufbahn ihrer Mitarbeiter frühzeitig zu planen und strategisch auszurichten. Dabei werden die Erfolgspotenziale der Mitarbeiter mit Unternehmensstrategien und Organisationsstrukturen verknüpft.

Die Karriere-, Laufbahn- und Nachfolgeplanungen werden auf Basis der Personalentwicklungsplanung, der Förderung und der Qualifizierung des Personals sowie der Potenzialeinschätzungen der Mitarbeiter durchgeführt.

Welche Ziele verfolgt die Karriere- und Laufbahnplanung?

- Vorbeugung von Nachwuchsproblemen und Nachwuchsmangel
- Heranziehen flexibler Mitarbeiter, damit bei plötzlichen Änderungen geeignete Mitarbeiter zur Verfügung stehen („Vorratshaltung")

- Steigerung der Motivation und Leistung der geförderten Mitarbeiter → Anreizinstrument
- Verringerung der Fluktuation mit der Folge, dass Know-how, Ideen und Kompetenzen im Unternehmen bleiben und weniger Kosten durch Personalwechsel entstehen
- Einsparung von Kosten, denn das Recruiting neuer Mitarbeiter mit Führungspotenzial bzw. neuer Führungskräfte verursacht hohe Personalbeschaffungskosten
- Weniger oder kein Fehlbesetzungsrisiko, Möglichkeit der Bestenauslese
- Unabhängigkeit vom Arbeitsmarkt
- Bestmögliche Nutzung der im Unternehmen vorhandenen Fähigkeiten; gezielte Vorbereitung und Weiterentwicklung von Förderkandidaten auf mögliche freie Stellen
- Imagesteigerung, da durch Förderprogramme die Unternehmensattraktivität bei externen Bewerbern steigt
- Vorweggenommene (= antizipative) Festsetzung der einzelnen Schritte des beruflichen Werdegangs der Mitarbeiter
- Transparenz möglicher Aufstiegswege, Aufstiegshemmnisse und Aufstiegskriterien

 Was versteht man unter Nachfolge– und Laufbahnplanung?

Nachfolgepläne	Laufbahnpläne
Nachfolgepläne **setzen an der Bedarfssituation des Unternehmens an.** „Welche Stellen müssen zukünftig besetzt werden?" → Nachfolgeplanung hat zum Ziel, die **Nachfolge** von Führungspositionen meist auf höheren Managementebenen **sicherzustellen.**	Laufbahnpläne **basieren auf den Fähigkeiten und Entwicklungsbedürfnissen des Mitarbeiters.** Davon ausgehend wird die berufliche Entwicklung und die dazu notwendigen Maßnahmen festgelegt. → Laufbahnplanung wird auch als **Karriereplanung** bezeichnet.
Individuell, d.h. gedanklich vorweggenommene **konkrete Überlegungen zu einer Schlüsselstelle, die in absehbarer Zeit zu besetzen ist.** Nachfolgepläne sind auf den einzelnen Mitarbeiter individuell zugeschnitten und gehen folglich auf die individuelle Ausgangsposition des Mitarbeiters ein.	**Standardisiert,** d.h., welche Positionen kann ein Mitarbeiter „normalerweise" schrittweise erreichen, wenn er bestimmte Qualifikationsmerkmale erfüllt? Laufbahnpläne sind nicht auf den einzelnen Mitarbeiter individuell zugeschnitten, sondern es wurde **allgemein** eine zeitliche Abfolge von zu durchlaufenden „Positionen" erarbeitet.
= **Konkrete und individuelle Nachfolgeüberlegungen**	= **Vorstrukturierte Karriereleiter**

Nachfolgepläne	Laufbahnpläne
Es geht um die mittel- bis langfristige Nachfolge, sodass für den **Wunschkandidaten** gezielte Entwicklungsmaßnahmen durchgeführt werden können. Unter Umständen enthält die Nachfolgeplanung auch einen zweitrangigen Kandidaten, der bei Ausfall des erstrangigen Kandidaten zum Zuge kommt.	Bei den Laufbahnplänen werden unterschieden: 1. **Der potenzialorientierte Laufbahnplan,** d.h., Entwicklung von Nachwuchskräften, ohne dass pro Führungskraft eine Position zur Verfügung steht. 2. **Der positionsorientierte Laufbahnplan,** d.h., gezielte Entwicklung von Führungsnachwuchskräften für eine vorab definierte allgemeine Position.

Welche Laufbahnarten können unterschieden werden?

Es werden folgende drei Laufbahnarten unterschieden:

1. **Führungslaufbahn**
2. **Fachlaufbahn** und
3. **Projektlaufbahn**

Hinweis:

Durch das Lean Management in Unternehmen wurden die Möglichkeiten hierarchischer Aufstiegschancen naturgemäß geringer, sodass neue Karriereverständnisse, Perspektiven und neue Leistungsanreize für den Führungsnachwuchs an Bedeutung gewonnen haben.

| **Führungslaufbahn** | In der Führungskarriere (auch **Linienkarriere** genannt) bilden Managementaufgaben, wie Mitarbeiterführung und Controlling, den Schwerpunkt der Arbeit.

Kennzeichen der Führungslaufbahn:

■ **Hierarchischer Aufstieg** im Unternehmen mit der Folge der Gehalts- und Prestigesteigerung

■ Steigende personelle Verantwortung, d.h., die Verantwortung nimmt mit jeder Hierarchiestufe/Ebene zu,
z.B. vom Sachbearbeiter zum Gruppenleiter über den Abteilungsleiter zum Hauptabteilungsleiter in die Geschäftsführung

■ Disziplinarische und fachliche Mitarbeiterführung

■ Hohe soziale und methodische Kompetenzen erforderlich wie Führungsqualitäten, Konfliktfähigkeit, Entscheidungsfreude, Bereitschaft Verantwortung zu übernehmen, Motivationsfähigkeit, Begeisterungsfähigkeit, Überzeugungskraft, Freude an der Zusammenarbeit mit anderen Menschen |

Fachlaufbahn	In der Fachlaufbahn (auch **Spezialistenlaufbahn** genannt) übernehmen die Mitarbeiter in der Abfolge ihrer Stellen immer größere Fachverantwortung und Fachkompetenzen.

Die Fachlaufbahn ermöglicht es Spezialisten, sich auf ihren Fachbereich zu konzentrieren, ihre Fachkenntnisse im Alltag anzuwenden und ihr Wissen zu vertiefen.

Kennzeichen der Fachlaufbahn:

■ Hohe fachliche Qualifikation in Breite und Tiefe, Fachexpertise, Spezialistenposition, Konzentration auf das Fachliche

→ **Expertenverantwortung**

■ Keine (wesentliche) Personal– bzw. Führungsverantwortung

■ Geringer Umfang an Verwaltungsaufgaben

■ Hohe Kommunikationsfähigkeit

Ziele der Fachlaufbahn:

■ Bündelung des Fachwissens in wenigen besonders fachlich kompetenten Personen, die als Ansprechpartner zur Verfügung stehen und bekannt sind

■ Ergänzung der Führungslaufbahn um Karrieremöglichkeiten

■ Mitarbeiterbindung, Motivation

Nachteile/Probleme der Fachlaufbahn:

■ Fachlaufbahn wird oft von den Unternehmen nicht ernst genommen, sondern als „Beruhigungstablette" oder als „Placebo" für karrierebewusste Mitarbeiter eingesetzt

■ Wechsel des Aufgabenbereichs ist nur schwer möglich, da fachliche Kompetenz in einem neuen Bereich erst aufgebaut werden muss

■ Konkurrenz mit externen Beratern, die oftmals als kompetenter eingeschätzt werden

■ Fachlaufbahn als „Auffangbecken" für alle diejenigen Experten, die nicht als Führungspersönlichkeit taugen

■ Begrenzte Aufstiegsmöglichkeiten

Beachte:

Um das Image der Fachlaufbahn zu verbessern, müssten die Unternehmen klare Karrierestufen, eindeutige Aufstiegsregeln sowie flankierende Maßnahmen festlegen.

Die Expertenkarriere muss gelebt und kommuniziert werden, um für den Einzelnen eine attraktive Alternative zur Führungslaufbahn darzustellen. |
| **Projektlaufbahn** | Bei der Projektlaufbahn ist der Mitarbeiter ständig in neue Projekte eingebunden, in denen er sich beweisen kann. Mit zunehmender Erfahrung steigt die Verantwortung und das Tätigkeitsfeld.

Je nach Projekt und Komplexitätsgrad des Projektes erfahren die Mitarbeiter eine höhere hierarchische Wertschätzung. |

| Projektlaufbahn (Forts.) | **Kennzeichen der Projektlaufbahn:**

■ Abfolge von Projekten

■ Aufstieg von kleineren zu immer umfangreicheren Projekten bis hin zu strategisch äußerst wichtigen Projekten („**Projekthierarchie**")

■ Zeitlich befristete Führungsaufgabe

■ Dem Projektleiter werden Mitarbeiter aus unterschiedlichen Unternehmensbereichen unterstellt - zumeist keine disziplinarische, sondern nur eine rein fachliche Führungsaufgabe

■ Hohe soziale, fachliche und methodische Kompetenzen erforderlich

Vorteile der Projektlaufbahn:

Die Projektlaufbahn kann Karrierewege beschleunigen („Karrieresprungbrett"), denn bei erfolgreichem Abschluss mehrerer Projekte wurde der Beweis erbracht, dass der Mitarbeiter Führungsaufgaben erfolgreich übernehmen kann.

Beachte:

Ohne eine ausreichende Anzahl an Projekten im Unternehmen lässt sich eine Projektlaufbahn nicht durchführen. |

In welchen fünf Schritten erfolgt die systematische Nachfolgeplanung? **?**

Fünf Schritte einer systematischen Nachfolgeplanung:

1. Festlegung der bedeutsamen, d.h. strategisch wichtigen Positionen

2. Identifizierung von Mitarbeitern mit Entwicklungspotenzial im Hinblick auf Führungspositionen

3. Führen eines Personalentwicklungsgesprächs mit den ausgewählten Mitarbeitern, um Ziele und Erwartungen des Unternehmens und der Mitarbeiter abzugleichen

4. Entscheiden, wer für welche Position geeignet ist und Aufstellen des Nachfolgeplans

5. Realisierung des Nachfolgeplans und Durchführen von Personalentwicklungsmaßnahmen

5

Personalcontrolling gestalten und umsetzen

5.1 Ziele des Personalcontrollings

 Was ist Personalcontrolling?

DEFINITION PERSONALCONTROLLING

Unter Personalcontrolling versteht man die Anwendung des Controllinggedankens auf Probleme der Steuerung und Kontrolle personeller Vorgänge im Unternehmen.
Quelle: Gabler Wirtschaftslexikon Online

Die drei Hauptanliegen des Personalcontrollings sind die **Planung, Steuerung und Kontrolle der personalwirtschaftlichen Aktivitäten des Unternehmens.** Dazu sammelt das Personalcontrolling sämtliche personalrelevanten Daten eines Unternehmens, bereitet sie auf und wertet sie (anhand von Kennzahlen) aus.

Hinweis:

Personalcontrolling ≠ Personalkontrolle

Personalkontrolle dient der Überprüfung oder Überwachung, ob die vom Vorgesetzten vorgegeben Richtlinien, Arbeitsanweisungen und Ziele von den Mitarbeitern umgesetzt und erreicht wurden.
Die Kontrolle stellt Fehler fest, steuert, lenkt, regelt, sucht Schuldige und sanktioniert.

 Welche Ziele verfolgt das Personalcontrolling?

Das Personalcontrolling soll ...

- personalwirtschaftliche Ziele und die damit verbundenen menschlichen Ressourcen ergebnisorientiert planen, steuern und überwachen in Richtung Sicherung der Wertschöpfung im Unternehmen.
- Grundlagen für personalwirtschaftliche Entscheidungen bieten.
- personalwirtschaftliche Daten ermitteln und analysieren, wie regelmäßige Erhebung von Ist-Daten.
- durch eine Soll-Ist-Analyse von relevanten Daten (wie Plandaten, Kennziffern und Maßnahmen) zeigen, ob die personalwirtschaftlichen Ziele erreicht wurden bzw. ob eine Notwendigkeit der Zielkorrektur besteht.
- Informationen und Methoden bereitstellen, die für die Steuerung des Faktors Personal

erforderlich sind.

■ Leistungsmaßstäbe planen und definieren, wie Festlegung der Zielgrößen, Prognosen und Vorgaben.

■ personalwirtschaftliche Maßnahmen im Hinblick auf Wirtschaftlichkeit überprüfen und das optimale Verhältnis zwischen Personalleistung und Personalkosten gewährleisten.

Was versteht man unter dem strategischen und dem operativen Personalcontrolling? ❓

Das Personalcontrolling wird unterteilt in strategisches (= mittel– und langfristiges) und operatives (= kurzfristiges) Personalcontrolling.

1. Das strategische Personalcontrolling

Das strategische Personalcontrolling ist **zukunftsorientiert** und **zeigt Chancen und Risiken auf**. → **Es geht darum, die richtigen Dinge zu tun!**

Strategisch, also mittel– und langfristig, beschäftigt sich das Personalcontrolling ...

→ mit der Integration der personalwirtschaftlichen Ziele in die Unternehmensstrategie,

→ mit der langfristigen Personalplanung (Personalunterdeckung, Personalreduzierung),

→ mit der Umsetzung von Strategien in konkrete Planungen.

Instrumente des strategischen Personalcontrollings:

Benchmarking, Effektivitätsuntersuchungen, Kennzahlen als Frühwarnsystem, Portfolio-Analyse, SWOT-Analyse, Balanced Scorecard, Mitarbeiterbefragungen für strategische Zwecke

2. Das operative Personalcontrolling

Das operative Personalcontrolling ist kurzfristig, **gegenwarts- und vergangenheitsorientiert**. Es **befasst sich überwiegend mit Kosten und Erfolgen,** also dem Nutzen von Maßnahmen. → **Es geht darum, die Dinge richtig zu tun!**

Instrumente des operativen Personalcontrollings:

Analyse von Personalkosten, Fehlzeitenauswertung, Arbeitsproduktivität, Abweichungsanalysen erstellen, Steuernd eingreifen, wenn Unternehmensziele gefährdet erscheinen, Mitarbeiterbefragungen, Soll-Ist-Vergleiche

	Strategisches Controlling	Operatives Controlling
Zeitaspekt	■ mittel– und langfristiger Planungshorizont ■ **zukunftsorientiert**	■ kurzfristiger Planungshorizont ■ **gegenwarts- und vergangenheitsorientiert**
Ziel	■ Existenzsicherung des Unternehmens ■ Langfristige Sicherung der Effektivität eines Unternehmens	■ Gewinn ■ Rentabilität ■ Kontinuierliche Soll-Ist-Vergleiche mit Abweichungsanalysen

	Strategisches Controlling	Operatives Controlling
Dimensionen	Ermittelt langfristige Ergebnisse durch Interpretation der Ist-Ergebnisse und der Einarbeitung von wahrscheinlichen Entwicklungen für die zukünftigen Perioden. ■ Stärken/Schwächen ■ Chancen/Risiken	Orientiert sich an Zahlen und Ergebnissen der Gegenwart und Vergangenheit wie ■ Kosten/Leistung ■ Aufwand/Ertrag ■ Aus-/Einzahlungen
Informations-quellen	Externe Entwicklungs- und Einflussfaktoren wie ■ gesellschaftspolitisches Umfeld ■ Umwelt	Interne Informationsquellen wie ■ Finanzbuchhaltung ■ Kosten- und Leistungsrechnung

 Was versteht man unter quantitativem und qualitativem Personalcontrolling?

Quantitatives Personalcontrolling	Qualitatives Personalcontrolling
Mit quantitativem Personalcontrolling können Daten direkt erhoben und weiter verwendet werden. → **harte Daten**, die quantitativ leicht messbar sind → kurz- bis mittelfristig ausgerichtet	Die Informationen und Daten des qualitativen Personalcontrollings sind nicht direkt messbar und nicht immer klar in wirtschaftlichen Zusammenhang zu bringen. → **weiche Daten**, die von qualitativer Bedeutung sind, aber schwer messbar → langfristig ausgerichtet
■ Krankenquote ■ Fluktuationsrate ■ Frauenanteil ■ Beschäftigungsstruktur ■ Altersstruktur ■ Überstundenquote ■ Gesamtvergütungsentwicklung ■ Anzahl Bewerber pro Inserat ■ Durchschnittliche Ausbildungstage pro Mitarbeiter	■ Zufriedenheit der Mitarbeiter mit dem Unternehmen ■ Einsatzbereitschaft der Mitarbeiter ■ Vorgesetztenbewertung ■ Einschätzung von Leistungsverhalten und Leistungsqualität ■ Weiterbildungsbereitschaft der Mitarbeiter ■ Mitarbeiterpotenziale ■ Qualifikationsstruktur der Mitarbeiter ■ Führungsverhalten ■ Persönlichkeitsmerkmale der Mitarbeiter

5.1.1 Grundlagen für Entscheidungen

Personalcontrolling als Grundlage für die personalwirtschaftliche Entscheidung:

Das Personalcontrolling ...

- bietet die Möglichkeit, alle personalrelevanten Informationen zu bündeln und aufzubereiten. Die vergangenheitsbezogenen Daten liefern die unerlässliche Grundlage für das planerische Handeln.

- bietet den Führungskräften ein Instrument, mit dem sie selbst ihren Bereich besser steuern, lenken und überwachen können. Fehlentwicklungen können damit zeitnah entdeckt und entsprechend schnell kann reagiert werden.

Beim Personalcontrolling steht die vorausschauende Komponente im Vordergrund, und zwar die **Gestaltung und Zukunftsprognose mittels Controlling.**

Da die tatsächliche Entwicklung von der Prognose abweichen kann, ist eine ständige Überwachung und ggf. Korrektur der Plandaten notwendig.

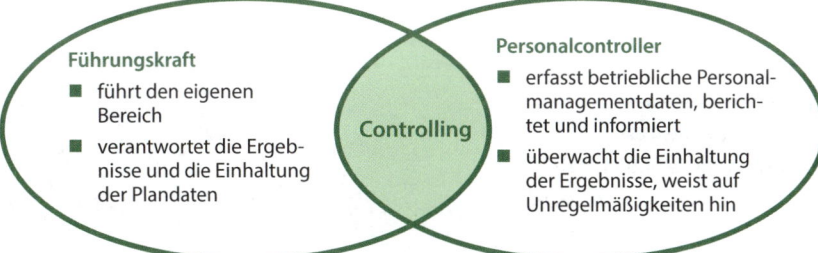

Führungskraft
- führt den eigenen Bereich
- verantwortet die Ergebnisse und die Einhaltung der Plandaten

Controlling

Personalcontroller
- erfasst betriebliche Personalmanagementdaten, berichtet und informiert
- überwacht die Einhaltung der Ergebnisse, weist auf Unregelmäßigkeiten hin

---

Welche Schlüsselfragen („W-Fragen") des Personalcontrollings sind wesentlich?

Schlüsselfragen („W-Fragen") des Personalcontrollings:

- **Welche Personalkosten** (s.u.) **entstehen und welche Wertschöpfung steht diesen Kosten entgegen?**

- **Welche betrieblichen Personalmanagementdaten** müssen erfasst und verarbeitet werden? Welche Vergleiche/Analysen müssen durchgeführt werden?

- **Besteht eine Abweichung? Wo** war die Abweichung? In welchem **Ausmaß** erfolgte die Abweichung? Zu welchem **Zeitpunkt** fand die Abweichung statt?

- Welche **Konsequenzen** ergeben sich daraus? Welche Korrekturmaßnahmen sind abzuleiten?

> **?** Welche Erhebungsgrundsätze für die Berechnung von (Personal-)Kennzahlen sind im Personalcontrolling wichtig und einzuhalten?

1. **WER** wird gezählt?

   Z.B. ausgeschiedene Mitarbeiter
2. **WANN** wird gezählt?

   Z.B. Vergleich der Zeiträume
3. **WIE** wird gezählt?

   Z.B. welche Formel wird verwendet
4. **WO** wird gezählt?

   Z.B. Abteilung oder Standort

> **?** Welche Kostenarten des Personalbereichs werden unterschieden?

Kostenarten des Personalbereichs:

- Personalbasiskosten
- Personalnebenkosten
- Personalbeschaffungskosten
- Personalentwicklungskosten
- Personalfreisetzungskosten
- Kosten für Mitarbeiter des Personalbereichs
- Investitionskosten im Personalbereich, z.B. PCs
- Raum-, Telefon-, IT-Kosten etc. im Personalbereich
- Kosten für Trainer und Berater

5.1.2 Chancen und Risiken des Personalcontrollings

> **?** Welche Chancen bietet das Personalcontrolling?

Chancen des Personalcontrollings:

- **Aufbau eines Planungs- und Informationssystems** für Unternehmensleitung und Führungskräfte

- **Unternehmerische Prozesse** im Unternehmen **können besser erkannt und bewertet werden**
- **Möglichkeit, Veränderungsprozesse besser zu steuern** („Personalvorschausystem")
- **Schnelligkeit** durch effektive Überwachung der Einhaltung geplanter Maßnahmen, Prozesse und Ziele
- **Aufdecken von Handlungsbedarf** und schnelleres Erkennen von Korrekturnotwendigkeit mithilfe von Zustandsanalysen
- **Aufdecken von alternativen Handlungsmöglichkeiten** mithilfe der Nutzenanalyse
- **Kostengünstigkeit** durch effizientes und zielgerichtetes Planen und Überwachen
- **Zukunftsorientierung** durch ergebnisorientierte Planung, Steuerung und Überwachung; **zukunftsgeleitete Perspektiven und Orientierungen können geliefert werden**
- **Beitrag zum Unternehmenserfolg**

Welche Risiken bietet das Personalcontrolling? **?**

Risiken des Personalcontrollings:

- Vergangenheitsbezogene Daten wurden nicht richtig erfasst: Jede Auswertung ist nur so gut wie die Qualität der Datenbasis, von der man ausgeht (→ **fehlende Aussagekraft der Auswertungsergebnisse**).
- Entwicklung einer **„Planungsmentalität"**, d.h., der Plan geht über alles, sodass auf kurzfristige Entwicklungen nicht mit der erforderlichen Schnelligkeit reagiert wird.
- Plan kann von der Realität überholt werden.
- Controllingbereich steht nicht in einem ausgewogenen Verhältnis zu den hohen Kosten, die er verursacht. **Personalcontrolling als großer Kostenfaktor.**
- **Subjektiv gefärbte Entscheidungsvorlage** durch das Personalcontrolling; Controlling hat einen **zu großen Einfluss** auf alle betrieblichen Entscheidungen.
- **Bürokratisierung und Verlangsamung der Entscheidungen**
- **Hoher Aufwand**
- **Konfliktpotenzial** zwischen Fachabteilung und Personalcontrolling

5.2 Aufgaben des Personalcontrollings

Das Personalcontrolling bietet für die Unternehmensleitung und die Führungskräfte, aber auch für Betriebsrat und Aufsichtsrat ...

- ein **Planungs– und Informationssystem** sowie Statistiken,
  z.B. Aufstellung von Personalbestandsanalysen, Personalbedarfsplanung, Personaleinsatzplanung, Bestimmung der kostengünstigen Beschaffungswege

- die Möglichkeit der **Überprüfung der Pläne** und der gesetzten Termine, ob diese realistisch sind,
  z.B. durch Kennzahlenanalysen, Steuerungsindikatoren

- die Möglichkeit der **Überwachung der Einhaltung der geplanten Maßnahmen;**
  systematische Informationen zum **regelmäßigen Abgleich von Soll und Ist,**
  z.B. durch Überwachung der Abwicklung bei Personalfreisetzung, Bildungscontrolling, Überwachung der tatsächlichen Personalkosten, Abweichungsanalysen, Soll-Ist-Vergleiche

- die Möglichkeit der **Überprüfung der Personalkosten,**
  z.B. durch Mithilfe bei der Aufstellung des Personalkostenbudgets, Soll-Ist-Vergleiche

- transparente Personalkosten,
  wie Übersicht über Struktur und Entwicklung der Personalkosten.

- einen Vergleich von Soll-Werten und Ist-Werten (**Soll-Ist-Analyse**), ob die personalpolitischen Ziele erreicht wurden oder ob eine Zielkorrektur erfolgen muss.

1. Zielcontrolling
2. Planungscontrolling
3. Aktivitätscontrolling
4. Erfolgscontrolling

Abb.: Regelkreis des Personalcontrollings

5.2.1 Zielcontrolling

Das Zielcontrolling dient

- **der Zielfindung,**
- **der Formulierung konkreter personalpolitischer Ziele,**
- **der Aufdeckung von Zielkonflikten** (= Kontrolle der Ziele),
- der **Überprüfung** von Sinnhaftigkeit, Vollständigkeit und logischer Kongruenz der vorgegebenen Sollwerte.

Vorgehen beim Zielcontrolling:

1. Zielfindung

   Die Mitarbeiter sind bei der Zielfindung zu beteiligen.

2. Zieldefinition

3. Festlegung der Messmethoden,

   d.h. mit welchen Messmethoden soll die Zielerreichung gemessen werden, z.B. mithilfe von Kennzahlen oder durch Befragung

4. Aufzeigen von Zielkonflikten

5.2.2 Planungscontrolling

Beim Planungscontrolling steht

■ die **Schlüssigkeit** der personalwirtschaftlichen Planung und

■ der **Abgleich und die Abstimmung** mit den anderen betriebs– oder unternehmensspezifischen Planungsbereichen (wie Produktions-, Absatzplanung)

im Vordergrund.

→ **Finden, bewerten und auswählen der geeigneten** (personalpolitischen) **Handlungsalternativen**

→ **Personalarbeit ist zu planen und zu organisieren** (wie Arbeitsstrukturen, Organisation des Personalwesens usw.)

Vorgehen beim Planungscontrolling:

1. Fortlaufende Beobachtung der betrieblichen Möglichkeiten im Personalbereich sowie der Umwelt mit ihren Einflüssen auf die Unternehmung

2. Finden von Handlungsalternativen

3. Bewertung der Handlungsalternativen und Aufzeigen der Konsequenzen von Alternativen

4. Auswahl der geeigneten Handlungsalternativen

5. Planung der Handlungsalternativen durch Aufstellung des Gesamtplans (→ Maßnahmenplan und Budgetplan)

- Sind die gesetzten Termine von Projekten realistisch?
- Ist das Budget realistisch? Sind die Kosten richtig kalkuliert worden?
- Sind die eingesetzten Auswahlverfahren wirtschaftlich?
- Passt die zeitliche Planung des Projektes?
- Stimmen die personellen Verantwortlichkeiten?

5.2.3 Aktivitätscontrolling

Beim Aktivitätscontrolling steht die **Prozessbegleitung**, d.h. die Begleitung, Steuerung und Überwachung der vom Personalbereich durchzuführenden Aktivitäten, im Vordergrund.
D.h.,

- wenn Ziele und Handlungsalternativen ausgewählt sind, gilt es, die anlaufenden Aktivitäten permanent zu steuern und zu überwachen.
- die durchzuführenden Aktivitäten sind, in Abhängigkeit von den Zielen, zu realisieren.
- Konzentration der Ressourcen auf die gesetzten Ziele.

Vorgehen beim Aktivitätscontrolling:

1. **Steuerung und Überwachung der anlaufenden Aktivitäten und Maßnahmen**
2. Setzen von Meilensteinen
3. Festlegung, wie bei Abweichungen verfahren wird
4. Reporting an Entscheidungsträger:
   Hierbei ist festzulegen, wer welche Informationen in welchen Abständen in welcher Form bekommt (→ Berichtswesen)

BEISPIELE:

Steuerung und Überwachung der Aktivitäten durch

- Meilensteine
- Zwischenauswertung
- Entwurf eines Reportings
- Überwachung des Prozesses und Einhaltung der Fristen
- ggf. Korrektur wie Verlängerung des Projektzeitraumes, Budgeterhöhung

5.2.4 Erfolgscontrolling

Beim Erfolgscontrolling steht die **Bewertung des wirtschaftlichen Erfolgs** der im Personalbereich durchgeführten Maßnahme im Vordergrund.

- Einrichten eines aussagekräftigen Informationssystems,
  um regelmäßige Soll-Ist-Vergleiche erstellen zu können, und um erhebliche Zielabweichungen zu erkennen.
- **Ziele und Maßnahmen sind zu kontrollieren**, z.B. durch Soll-Ist-Vergleiche.
- Abweichungen sind zu analysieren, zur Entwicklung von Gegensteuerungsmaßnahmen.
- Das Ergebnis des Gesamtprozesses führt zur Formulierung neuer Soll-Werte im Personalbereich.

Vorgehen beim Erfolgscontrolling:

1. **Soll-Ist-Vergleich: Kontrolle**
2. Abweichungsanalyse
3. Weiterleitung der Kontrolldaten an die Entscheidungsträger
4. Empfehlungen für Korrekturmaßnahmen bezüglich Ziele und/oder Maßnahmen
5. Formulierung neuer Soll-Werte im Personalbereich

5.3 Das Personalinformationssystem als Hilfsmittel

Was versteht man unter einem Personalinformationssystem PIS? **?**

DEFINITION PERSONALINFORMATIONSSYSTEM PIS

EDV-gestützte Personalinformationssysteme sind **Hilfsmittel**, welche die Erfassung, Speicherung, Verarbeitung, Weitergabe und Ausgabe von Informationen, die zur Unterstützung des Personalwesens notwendig sind, ermöglichen.

Das PIS erfüllt die Informationsbedürfnisse verschiedener Gruppen im Unternehmen, indem es unterschiedliche Datenbestände miteinander verknüpft und somit beliebige Auswertungen nach unterschiedlichen Kriterien erlaubt, die auch miteinander kombiniert werden können. Es sind folglich Abfragen und Informationen über alle Mitarbeiter, bestimmte Mitarbeitergruppen oder einzelne Mitarbeiter möglich.

Welche Aufgaben hat das Personalinformationssystem? **?**

Das PIS liefert die Grundlage für personalpolitische Entscheidungen und unterstützt die tägliche Personalarbeit, mit dem Ziel, schneller, besser und flexibler in der Personalarbeit agieren zu können.

BEACHTE

Wichtig ist die **Pflege der Daten**, denn davon ist die Qualität der Datenbasis und somit die Aussagekraft der Auswertungsergebnisse abhängig.

Welche Vorteile bietet das Personalinformationssystem? **?**

- Vereinfachung und Arbeitserleichterung durch Einsatz von EDV
- Planungen, Kosten und Statistiken sind schnell zu erstellen und zu überprüfen

- Bietet Möglichkeiten, beliebige Auswertungen vorzunehmen,
  z.B. Korrelation von Personaldaten mit Daten aus anderen Funktionsbereichen
- Ermöglicht künftige Entwicklungen der Personalpolitik zu prognostizieren und mögliche
  Risiken darzustellen und bietet dadurch eine schnelle Entscheidungshilfe
- Erleichtert das Durchführen der Gehaltsabrechnung und erleichtert den Schriftverkehr, da
  das EDV-gestützte Abrechnungssystem alle meldepflichtigen Personaldaten enthält
- Gestaltet die Abwicklung der Personalarbeit wirtschaftlicher
- Schafft die notwendigen Freiräume zur Verbesserung der Servicequalität
- Erleichtert die Wahrnehmung der Kernkompetenzen im Personalwesen
- Rationalisiert den Arbeitsablauf
- Ermöglicht die zentrale Speicherung von Daten, wodurch jederzeit ein Zugriff möglich ist

? Welche Nachteile hat das Personalinformationssystem?

- Hoher Zeitaufwand durch Pflege des PIS, also durch Eingabe der Daten
- Kostenintensiv (→ hohe Anschaffungs– und Wartungskosten)
- Zugriff durch Hacker ist möglich, Datenschutzprobleme
- Mehrarbeit durch beliebige Auswertungsmöglichkeiten

? Welche Rechte hat der Betriebsrat in Bezug auf das PIS?

Die Implementierung des PIS ist nach **§ 87 Abs.1 Nr.6 BetrVG mitbestimmungspflichtig.** Der
Betriebsrat ist daher frühzeitig in die Planung miteinzubeziehen.

Möglich ist der **Abschluss einer Betriebsvereinbarung** zur Regelung des PIS.

? Was ist in Bezug auf den Datenschutz beim PIS zu beachten?

Der Möglichkeit, Personaldaten zu verarbeiten und vorzuhalten, stehen die Vorschriften des
Bundesdatenschutzgesetzes BDSG-neu und der Datenschutzgrundverordnung DSGVO gegenüber.

Art. 5 Abs.1 DSGVO zählt die Grundsätze auf, die für die gesamte Datenverarbeitung gelten.

Gemäß **Art. 5 Abs.1 lit.c DSGVO** dürfen personenbezogenen Daten nur verarbeitet werden,
wenn sie dem Zweck angemessen und das für die Zwecke der Verarbeitung notwendige Maß
beschränkt werden (= **Datenminimierung**).

5.3.1 Personalkennzahlen

DEFINITION KENNZAHLEN

Kennzahlen sind Größen, die messbare Sachverhalte in aussagekräftiger und komprimierter Form wiedergeben.

DEFINITION PERSONALKENNZAHLEN

Personalkennzahlen

- sind aus Personaldaten gewonnene Verhältniszahlen.
- sind ein **Instrument zur Unternehmensbeobachtung und -steuerung.**
- informieren über Sachverhalte, die für personalwirtschaftliche Entscheidungen von Bedeutung sind.

Mithilfe von Personalkennzahlen können Unternehmen ...

- ihre Stärken sowie Schwächen identifizieren,
- einen besseren Überblick über ihren Personalbereich bekommen,
- die nötigen Informationen für eine sichere Planung und vorausschauende Personalsteuerung gewinnen,
- sachgerechte und nachvollziehbare personalwirtschaftliche Entscheidungen fällen,
- Investitionsentscheidungen untermauern,
- den Erfolg ihrer Personalmaßnahmen messen und
- ihre Personalarbeit insgesamt professionalisieren.

Welche (Personal-)Kennzahlen der Statistik sind für das Personalinformationssystem von Bedeutung?

Folgende Kennzahlen sind für das PIS von Bedeutung:

Strukturdaten	Strukturdaten erfassen die Struktur der Belegschaft.
	Quoten nach ■ Arbeitern/ Angestellten ■ Geschlecht (männlich/weiblich) ■ Nationalität/ Ausländeranteil ■ Behindertenanteil

Strukturdaten (Forts.)	■ Altersgruppen ■ Facharbeiter ■ Familienstand ■ Betriebszugehörigkeit ■ Bereiche, Ebene ■ Vertragsverhältnis (befristet, unbefristet) ■ Funktionen oder Positionen ■ Entgeltgruppen **Hinweis:** Welche Daten erhoben werden, ist von der Betriebsgröße abhängig und davon, welche Erkenntnis die Datensammlung bringen soll.
Mengendaten	**Mengendaten erfassen die Anzahl bestimmter Mitarbeitergruppen oder Einheiten im Unternehmen → mengenmäßige Angaben** ■ **Belegschaftsgruppen,** wie Tarif-Mitarbeiter, leitende Angestellte, Anzahl der festen Mitarbeiter, Anzahl Aushilfen, Anzahl Mitarbeiter je Filiale ■ **Ausbildung** wie ungelernte Mitarbeiter, angelernte Mitarbeiter, Facharbeiter, Meister ■ **Kapazitäten,** wie Vollzeit-Mitarbeiter, Teilzeit-Mitarbeiter, Saisonkräfte, Aushilfen ■ Anzahl Beschäftigte/ Personalbestand ■ Anzahl Eintritte, Austritte, Vorstellungen, Bewerbungen
Kostendaten	**Kostendaten helfen, die einzelnen Bestandteile der Personalkosten zu erkennen und übersichtlich aufzuschlüsseln.** ■ Löhne und Gehälter auf Basis der Normalarbeitszeit ■ Durchschnittliche Überstundenvergütung, Prämien und/oder Sonderzahlungen ■ Gesetzliche und tarifliche Personalzusatzkosten wie gesetzliche Sozialversicherungsabgaben, Bezahlung von Ausfallzeiten, Weihnachtsgeld ■ Betriebliche Personalzusatzkosten wie betriebliche Altersvorsorge, Leistungen zu persönlichen Anlässen (wie Geburtstage) oder zur Verpflegung ■ Voraussichtlich anfallende Durchschnittsbeiträge der verschiedenen betrieblichen Zulagen (z.B. Schichtzulagen) ■ Personalkosten bezogen auf Mitarbeitergruppen ■ Weiterbildungskosten ■ Personalentwicklungskosten ■ Durchschnittliche Gehälter je Mitarbeiter ■ Durchschnittliche Krankheitsleistungen je Mitarbeiter ■ Kosten für Personalverwaltung

Qualitative Daten	**Qualitative Daten ermöglichen eine bessere Personalplanung, denn damit kann das Unternehmen feststellen, welche Mitarbeiter welche Aufgaben im Unternehmen ausführen können.**
	
	■ Ausbildungsabschluss, z.B.
	  → ungelernt
	  → angelernt
	  → Facharbeiter
	  → Spezialkenntnisse
	  → Meister
	  → Techniker
	  → Akademiker
	  → promoviert
	■ Einsatzmöglichkeiten, z.B.
	  → Ausbildereignungsprüfung
	  → Sicherheitsbelehrung
	  → Gesundheitszeugnis
	  → Schwindelfreiheit
	■ Fortbildungsstand, z.B.
	  → Fremdsprachen
	  → PC-Kenntnisse
	  → Staplerführerschein
	  → Maschinenbedienerausbildung
	  → E-Schweißen

Leistungsdaten	**Leistungsdaten helfen** zum einen die **Leistungen** der Mitarbeiter untereinander **zu vergleichen** und zum anderen ermöglichen sie betriebsinterne Vergleiche zwischen Gruppen/Abteilungen/Bereichen oder Vergleiche mit anderen Betrieben. **Hinweis:** Leistungsdaten sind i.d.R. nur im Vergleich aussagekräftig! ■ Umsatz pro Mitarbeiter ■ Anzahl betreuter Kunden je Mitarbeiter ■ Wertschöpfung pro Mitarbeiter ■ Überstunden je Mitarbeiter ■ Ausschussquote ■ Leistungszeit/Anwesenheitszeit ■ Anzahl Serviceeinsätze pro Mitarbeiter

Verhaltensdaten	**Verhaltensdaten geben Aufschluss über das typische Verhalten** (insbesondere Arbeitsverhalten und Freizeitverhalten) **der Mitarbeiter.** ■ Inanspruchnahme von Urlaub ■ Inanspruchnahme von Bildungsurlaub ■ Anzahl der Verbesserungsvorschläge ■ Inanspruchnahme von Erziehungsurlaub ■ Inanspruchnahme Vorruhestand ■ Mitarbeiter mit Teilzeitwunsch ■ Inanspruchnahme des Fortbildungsangebotes ■ Essenswünsche in der Kantine
Ereignisdaten	**Ereignisdaten bringen Aufschlüsse über unternehmenstypische Ereignisse und Verhaltensformen.** ■ Krankenstand/ Krankenquote ■ Fluktuationsrate ■ Fehlzeitenquote ■ Versetzungsrate ■ Überstunden/ Mehrarbeitsquote ■ Fehlerquote ■ Anzahl Arbeitsunfälle ■ Verspätungen ■ Anzahl Kundenreklamationen

 Welche wichtigen Personalkennzahlen werden in den jeweiligen Teilbereichen der Personalplanung unterschieden?

Überblick über Personalkennzahlen:

1. **Kennzahlen zu Personalbedarf und Personalstruktur**

   Frauenanteil, Behindertenanteil, Anteil der Auszubildenden, Durchschnittsalter der Belegschaft, Bilden von Altersklassen, Quote der über 50-Jährigen, Anteil der nichtdeutschen Arbeitnehmer, Facharbeiterquote, Durchschnittsdauer der Betriebszugehörigkeit, durchschnittlicher Personalbestand etc.

2. **Kennzahlen zur Personalbeschaffung**

   Bewerber pro Stellenanzeige/Stellenausschreibung, Bewerber pro Ausbildungsplatz, Vorstellungseffizienz und Vorstellungsquote, Anzahl Initiativbewerbungen, Anzahl abgelehnter Verträge, Übernahmequote nach Probezeit, Fluktuationsrate, Beschaffungskosten pro Eintritt, Personalrekrutierungskosten pro Anstellung, Effizienz der Beschaffungswege, Kosten pro Bewerbung nach Abteilungen etc.

3. **Kennzahlen zum Personaleinsatz**

   Soll-Stunden-/Ist-Stunden-Vergleich, Fehlzeitenquote, Krankheitsquote, Überstundenquote, Jahresurlaubsverteilung, Arbeitsproduktivität, Leistungsgrad, Elternzeit, Unfallquote, Kosten der Ausfallzeiten, Kosten Arbeitsunfälle, effektive Arbeitszeit, Entsendungsquote, Rückkehrquote etc.

4. **Kennzahlen zur Personalerhaltung**

   Fluktuationsrate, Fluktuationskosten, Fluktuationsquote nach Abteilungen/Organisationseinheiten, Fluktuationsquote nach Positionen/Funktionen, Nutzungsgrad der freiwilligen betrieblichen Sozialleistungsangebote, Aufwand für freiwillige betriebliche Sozialleistungen, Entgeltgruppenstruktur, Stellenbesetzungsquote mit internen Mitarbeitern, Erfolgsbeteiligung je Mitarbeiter, Bonus- und Prämienzahlungen je Mitarbeiter, durchschnittlicher an Entgelt gekoppelter Leistungsbeurteilungsprozentsatz, Altersversorgungsanspruch pro Mitarbeiter etc.

5. **Kennzahlen zur Personalentwicklung**

   Ausbildungsquote, Qualifikationsstruktur, Anzahl jährlicher Weiterbildungsmaßnahmen pro Mitarbeiter, Anteil Inhouse und externe Seminare, Weiterbildungskosten pro Tag/pro Teilnehmer, Anteil der Personalentwicklungskosten an den Gesamtpersonalkosten, Bildungsrendite, Beanspruchung von Bildungsurlaubstagen, Weiterbildungstage/Weiterbildungszeit pro Mitarbeiter monatlich/jährlich, Übernahmequoten von Ausbildungsabschlüssen, Struktur der Prüfungsergebnisse, Kosten pro internem/externem Trainingstag, Anzahl absolvierter anerkannter Prüfungen, Anzahl Beteiligungen am Vorschlagswesen etc.

6. **Kennzahlen zur Personalfreisetzung**

   Abfindungsaufwand pro Mitarbeiter, Sozialplankosten pro Mitarbeiter, Arbeitsgerichtskosten pro Mitarbeiter, Outplacementberatungskosten pro Mitarbeiter, Gehaltskosten pro Mitarbeiter während Freistellungsphase etc.

Nach welchen Kriterien ist eine Kennzahl zu beschreiben, um unternehmensweit ein einheitliches Verständnis darüber zu erlangen? **?**

Zu den Beschreibungskriterien einer Kennzahl gehören:

Beschreibungskriterien	Erläuterung
Beschreibung	Um welche Kennzahl geht es? Wie lautet der Name der Kennzahl?
	Klarer eindeutiger Name der Kennzahl bzw. kurze Beschreibung der Kennzahl.

Beschreibungskriterien	Erläuterung
Formel	**Wie lautet die Formel der Kennzahl?** Eine Kennzahl kann eine absolute Zahl oder eine Verhältniszahl sein. Bei einer Verhältniszahl ist die **Formel zur Berechnung der Kennzahl** anzugeben. **Hinweis:** Es sollte auch die Maßeinheit der Kennzahl festgehalten werden.
Gliederungsmöglichkeit	**Angabe, nach welchen Kriterien differenziert wurde,** z.B. nach Geschlecht, Abteilungen, Altersgruppen, Berufsgruppen, Filialen, Niederlassungen.
Anwendungsbereich	**Zweck bzw. Ziel der Kennzahl** → Was wird mit der Kennzahl dargestellt? → Wozu kann die Kennzahl genutzt werden?
Frequenz/ Erhebungszeitpunkt/ Erhebungszeitraum	**Wann und wie häufig soll die Kennzahl erhoben werden?** Z.B. täglich, monatlich, quartalsweise, halbjährlich, jährlich.
Interpretation	**Welche Schlüsse werden aus der Personalkennzahl im Hinblick auf Planung und Steuerung der Personalarbeit gezogen?** **Hinweise:** ■ Die Interpretation kann auch Verbindungen zwischen verschiedenen Personalkennzahlen herstellen. Denn oftmals ermöglicht nur die Kombination verschiedener Kennzahlen, die im engen Zusammenhang zueinander stehen, Rückschlüsse zu ziehen, um daraus konkrete unternehmensspezifische Maßnahmen abzuleiten. ■ Hier kann auch dargelegt werden, welche Grenzen die Kennzahl hat, also welche Informationen man nicht durch diese Kennzahl erhält und welche Aussagen daher nicht getroffen werden können.
Vergleichsgrundlagen	**Welchen Vergleich will das Unternehmen anstellen?** Z.B. Zeitvergleich, Branchenvergleich, Vergleich mit den Wettbewerbern, Soll-Ist-Vergleich, Betriebsvergleich etc.

Musterbeispiel der Kennzahl "Umsatz pro Mitarbeiter":

Beschreibungskriterien	Erläuterung
Beschreibung	Umsatz pro Mitarbeiter

Beschreibungskriterien	Erläuterung
Formel	Umsatz in Euro : Anzahl Beschäftigte
Gliederungsmöglichkeit	Unternehmen
Anwendungsbereich	Umsatzentwicklung
Frequenz/ Erhebungszeit- punkt/ Erhebungszeitraum	halbjährlich, jährlich
Vergleichsgrundlagen	Zeitvergleich, Branchenvergleich
Interpretation	■ Die Kennzahl lässt im Zeitvergleich erkennen, wie sich die Relation aus Umsatz und Mitarbeiterzahl entwickelt. ■ Sinkende Verhältniszahlen weisen auf eine Verschlechterung der Effizienz des Unternehmens (wie Produktivität, Kosten, Marktanteile) hin.

Welche typischen Personalkennzahlen, als Formel dargestellt, werden unterschieden?   **?**

Die wichtigsten Personalkennzahlen als Formel dargestellt:

Fluktuationsrate:

Die Fluktuationsrate zeigt den prozentualen Anteil der Mitarbeiter, welche das Unternehmen verlassen haben, an der Gesamtheit der durchschnittlich Beschäftigten in einem bestimmten Zeitraum.

Hinweise:

■ Neben dem gesamten Abgang können die Abgänge nach Berufsgruppen, Gründen, Betriebszugehörigkeit, Lebensalter, Geschlecht, Kostenstellenbereichen oder direkt/indirekt/Verwaltung gesondert ermittelt werden.

■ Die Fluktuationsrate kann als Maßstab für die Arbeitszufriedenheit und für das Betriebsklima herangezogen werden.

$$\text{Fluktuationsrate in \%} = \frac{\text{Anzahl der (freiwilligen) Personalabgänge (pro Jahr)}}{\text{Durchschnittlicher Personalbestand (pro Jahr)}} \times 100$$

Fehlzeitenquote:

Die Fehlzeitenquote zeigt auf, welcher prozentuale Anteil der Sollarbeitszeit durch Fehlzeiten verloren geht.

Die Fehlzeitenquote ist ein bedeutender Kostenfaktor im Unternehmen.

$$\text{Fehlzeitenquote in \%} = \frac{\text{Summe der Fehlzeiten (Std. oder Tage)}}{\text{Sollarbeitszeit (Std. oder Tage)}} \times 100$$

Weiterbildungsaufwand pro Mitarbeiter:

Der Weiterbildungsaufwand pro Mitarbeiter wird herangezogen, um gegenüber Dritten oder den Mitarbeitern zu belegen, welchen Stellenwert die Weiterbildung im Unternehmen hat.

$$\text{Weiterbildungsaufwand je MA} = \frac{\text{Summe Weiterbildungsaufwand (EUR oder Tage)}}{\text{Gesamtzahl MA}}$$

Vorstellungsquote:

Die Vorstellungsquote gibt an, wie viel Prozent der sich Bewerbenden zu einem Vorstellungsgespräch eingeladen wurden.

Hinweise:

Die Vorstellungsquote ist ein wichtiger Indikator für die Qualität der Bewerbungen, sowie um den Erfolg (oder Misserfolg) des Personalbeschaffungsaufwandes zu beurteilen.

→ Eine **hohe** Vorstellungsquote kann auf eine attraktive Stelle oder auf eine nicht klar präzisierte Stelle hinweisen.

→ Eine **niedrige** Vorstellungsquote kann auf eine unattraktive Stelle oder auf ein zu anspruchsvolles Anforderungsprofil der Stelle hinweisen.

$$\text{Vorstellungsquote in \%} = \frac{\text{Vorstellungsgespräche}}{\text{Anzahl Bewerbungen}} \times 100$$

Einstellungseffizienz (in Prozent):

Die Einstellungseffizienzquote gibt an, wie effizient der Einstellungsprozess war. Die Quote gibt das Verhältnis tatsächlicher Einstellungen zu den Bewerbungen je Beschaffungsweg an.

Ziel:

Effektive Planung und Kontrolle der Beschaffungswege insbesondere im Hinblick auf eine Kosten-Nutzen-Analyse.

$$\text{Einstellungseffizienzquote in \%} = \frac{\text{Einstellungen}}{\text{Anzahl Bewerbungen je Beschaffungsweg}} \, x \, 100$$

Beschaffungskosten pro Eintritt:

Unter den (Personal-)Beschaffungskosten pro Eintritt sind alle Aufwendungen des Unternehmens von der Stellengenehmigung über die Anwerbungskosten bis zur Einstellungsentscheidung zu verstehen.

$$\text{Beschaffungskosten je Eintritt} = \frac{\text{Gesamtkosten der Personalbeschaffung}}{\text{Anzahl der Eintritte}}$$

Hinweis:

Der Rückgang des Fachkräfteangebots führt i.d.R. zu erhöhten Personalbeschaffungskosten.

Arbeitsvolumenquote:

Die Arbeitsvolumenquote gibt an, wie hoch die Abdeckung der benötigten Arbeitsstunden eines Unternehmensbereichs durch das bestehende Personal ist.

$$\text{Arbeitsvolumenquote in \%} = \frac{\text{Summe verfügbare Stunden der MA (Arbeitszeit)}}{\text{Benötigte Arbeitsstunden (Arbeitsvolumen) je Bereich}} \, x \, 100$$

Beschäftigungsstruktur (in Prozent):

Die Beschäftigungsstruktur gibt den prozentualen Anteil einer Teilgruppe an der Gesamtzahl der Beschäftigten an.

$$\text{Beschäftigungsstruktur in \%} = \frac{\text{z.B. Anzahl der Frauen}}{\text{Summe aller Beschäftigten}} \, x \, 100$$

Lohnquote:

Die Lohnquote gibt den Anteil der Personalkosten am Umsatz an.

$$\text{Lohnquote in \%} = \frac{\text{Personalkosten}}{\text{Umsatz}} \, x \, 100$$

Leistung je Arbeitnehmer:

Die Leistung je Arbeitnehmer gibt an, wie viel Umsatzerlöse in einem bestimmten Zeitraum pro Mitarbeiter erzielt wurden.

Hinweis:

Die Umsatzerlöse können auch nach Unterkriterien wie z.B. Produktgruppen gewählt werden.

$$\text{Leistung je Arbeitnehmer} = \frac{\text{Umsatzerlöse}}{\text{durchschnittlich Beschäftigte in der Periode}}$$

5.4 Elemente des Personalcontrollings

Das Personalcontrolling kann Unmengen von Daten miteinander verknüpfen und somit beliebige Auswertungen nach unterschiedlichen Kriterien aufbereiten.

Je nachdem, welche Information und Erkenntnis das Unternehmen benötigt, kann es die Personaldaten entsprechend auswerten.

Wer benötigt die Daten aus dem Personalcontrolling? **?**

Unternehmensinterne Adressaten	Unternehmensexterne Adressaten
■ Aufsichtsrat	■ Arbeitgeberverbände
■ Geschäftsleitung	■ Statistische Ämter
■ Führungskräfte	■ Agentur für Arbeit
■ Betriebsrat	■ Sozialversicherungsträger
■ Mitarbeiter	■ Lieferanten
	■ Kunden

Welche Analysemöglichkeiten bietet das Personalcontrolling?

Im Personalcontrolling werden auf Grundlage der vorhandenen Daten regelmäßig **Analysen von Zustand, Nutzen und Vorgängen** durchgeführt.

Zustandsanalysen	Hierunter fallen alle **Daten, die eine Situation beschreiben.**
	Die aktuelle Situation (z.B. der Belegschaft oder der Kosten) wird zu einem bestimmten Zeitpunkt evaluiert.
	Damit wird der Ist-Zustand ermittelt, der zukünftig in einen Soll-Ist-Vergleich eingehen soll.
	→ Die Zustandsanalysen geben z.B. Auskunft über die Zusammensetzung und Anzahl der Belegschaft und enthalten ferner eine Hochrechnung für die Zukunft.
Nutzenanalysen	Hier werden die **Kosten und der Nutzen definierter personalwirtschaftlicher Maßnahmen** erfasst und analysiert.

Vorgangsanalysen	Hier wird der **Prozess/ die Vorgänge analysiert.**
	Es werden die betrieblichen Abläufe in Teilschritte zerlegt und auf zeitliche, kostenmäßige und sinnvolle Abfolge und Vollständigkeit überprüft.

5.4.1 Zustandsanalysen

Zustandsanalysen ermitteln den **Zustand einer aktuellen Situation** (z.B. der Belegschaft insgesamt oder bestimmter Personenkreise; oder der Kosten) nach personalwirtschaftlichen Kriterien, und zwar vergangenheits- und zukunftsbezogen.

Hierunter fallen **alle Daten, die eine Situation beschreiben.**

Die aktuelle Situation wird zu einem **bestimmten Zeitpunkt** evaluiert. Damit wird der Ist-Zustand ermittelt, der zukünftig in einen Soll-Ist-Vergleich eingehen soll.

BEISPIEL:

Ein Unternehmen möchte seine weibliche Führungskräftequote erhöhen. Anhand einer entsprechenden Recherche im Personaldatenbestand kann schnell ermittelt werden, wie viele und welche weiblichen Mitarbeiter dazu infrage kommen.

Hinweis:

Die Zustandsanalysen geben z.B. Auskunft über die Zusammensetzung und Anzahl der Belegschaft und enthalten ferner eine Hochrechnung für die Zukunft.

Mengendaten

Mengendaten erfassen die Anzahl bestimmter Mitarbeitergruppen oder Einheiten im Unternehmen → **mengenmäßige Angaben**

- **Belegschaftsgruppen,**
  wie Tarif-Mitarbeiter, leitende Angestellte, Anzahl der festen Mitarbeiter, Anzahl Aushilfen, Anzahl Mitarbeiter je Filiale
- **Ausbildung**
  wie ungelernte Mitarbeiter, angelernte Mitarbeiter
- **Kapazitäten,**
  wie Vollzeit-Mitarbeiter, Teilzeit-Mitarbeiter, Saisonkräfte, Aushilfen
- **Anzahl**
  wie Anzahl Eintritte im Kalenderjahr, Anzahl Austritte im Kalenderjahr, Anzahl Vorstellungsgespräche, Anzahl Bewerbungen

Strukturdaten

Strukturdaten erfassen die **Struktur der Belegschaft.**

Mitarbeiteranzahl bzw. Quoten nach

- Anzahl Arbeiter/Angestellte

- Mitarbeiteranzahl weiblich/männlich
- Mitarbeiteranzahl nach Altersgruppen
- Mitarbeiteranzahl nach Entgeltgruppen

Personalkostendaten

Kostendaten helfen, die einzelnen Bestandteile der Personalkosten zu erkennen und übersichtlich aufzuschlüsseln.

- gesetzliche und tarifliche Personalzusatzkosten wie gesetzliche Sozialversicherungsabgaben, Bezahlung von Ausfallzeiten, Weihnachtsgeld
- betriebliche Personalzusatzkosten wie betriebliche Altersvorsorge, Leistungen zu persönlichen Anlässen wie Geburtstage oder zur Verpflegung
- Personalentwicklungskosten
- durchschnittliche Gehälter je Mitarbeiter
- durchschnittliche Krankheitsleistungen je Mitarbeiter

Ereignisdaten

Ereignisdaten bringen Aufschlüsse über unternehmenstypische Ereignisse und Verhaltensformen.

- Krankenquote
- Fehlzeitenquote
- Fluktuationsrate
- Mehrarbeitsquote

Qualitative Daten

Qualitative Daten der Belegschaft ermöglichen eine bessere Personalplanung, denn damit kann das Unternehmen feststellen, welche Mitarbeiter welche Aufgaben im Unternehmen ausführen können.

- Ausbildungsabschluss, z.B.
  ungelernt, angelernt, Facharbeiter, Spezialkenntnisse, Meister, Techniker, Akademiker, promoviert
- Einsatzmöglichkeiten, z.B.
  Ausbildereinsatzprüfung, Sicherheitsbelehrung, Gesundheitszeugnis, Schwindelfreiheit
- Fortbildungsstand, z.B.
  Fremdsprachen, PC-Kenntnisse, Staplerführerschein, Maschinenbedienerausbildung

Verhaltensdaten

Verhaltensdaten geben Aufschluss über das typische Verhalten (insbesondere Arbeitsverhalten und Freizeitverhalten) der Mitarbeiter.

- Inanspruchnahme von Urlaub
- Inanspruchnahme des Fortbildungsangebotes, Inanspruchnahme von Bildungsurlaub
- Anzahl der Verbesserungsvorschläge
- Inanspruchnahme Vorruhestand

5.4.2 Nutzenanalysen

Hier werden die **Kosten und** der **Nutzen** definierter **personalwirtschaftlicher Maßnahmen erfasst und analysiert**, mit dem Ziel, die richtige Entscheidung zu treffen.

- Verfahren zur vergleichenden Bewertung personalwirtschaftlicher Maßnahmen.
- Gewählt wird die Alternative mit der größten Differenz zwischen Nutzen (Erträgen) und Kosten.

Vorgehen der Kosten-Nutzen-Analyse:

Aufgrund von Vergleichen zwischen Zielsetzung und realisierten Ergebnissen wird analysiert, inwieweit bestimmte Kosten im Personalbereich zu einem konkreten Nutzen geführt haben.

1. Erfassung aller direkten Kosten und Nutzen
2. Erfassung aller indirekten Kosten und Nutzen
3. Vergleich von Kosten und Nutzen

Erfasst wird aber auch, inwieweit bestimmte Angebote in einem Unternehmen „genutzt" wurden.

Beispiel Kennzahlen über die Nutzung von betrieblichen Sozialeinrichtungen, z.B.,

- Zahl der Teilnehmer an der Betriebsverpflegung
- Zahl der Mitarbeiter, die eine freiwillige betriebliche Altersvorsorge nutzen
- Zahl der Nutzer von betrieblichen Erholungseinrichtungen/Sporteinrichtungen

Beispiel Kennzahlen im Personalbereich, z.B.,

- Kosten pro Dienstleistung, wie Einstellung Mitarbeiter, Gehaltsabrechnung
- Lohnquoten
- Fehlzeitenquoten

Bei der Kosten-Nutzen-Analyse in allen Stadien zu stellende Fragen:

- **Planungsstadium:**
  Steht die durchzuführende Maßnahme im sinnvollen Verhältnis zum erwarteten Nutzen?
- **Durchführungsstadium:**
  Rechtfertigen bestimmte Wege der Maßnahmendurchführung ihren Aufwand?
- **Abschlussstadium:**
  War nach Abschluss der Maßnahme der Aufwand tatsächlich kleiner als der Nutzen?

BEISPIEL:

Ein Unternehmen möchte seine Buchhaltung outsourcen.

Bei der Kosten-/Nutzenanalyse ist nun zu ermitteln und zu bewerten, welche Vor– und Nachteile ein Outsourcing der Buchhaltungsabteilung mit sich bringen würde.

5.4.3 Vorgangsanalysen

Vorgangsanalysen dienen dem besseren Verständnis und der Verbesserung betrieblicher Abläufe.

Hier wird der Prozess/ die Vorgänge analysiert.

Es werden die betrieblichen Abläufe in Teilschritte zerlegt und auf zeitliche, kostenmäßige und sinnvolle Abfolge und Vollständigkeit überprüft.

Dadurch können Optimierungspotenziale in den betrieblichen Abläufen aufgedeckt und erschlossen werden.

Ziel der Vorgangsanalyse:

Verbesserung der Effizienz und Effektivität betrieblicher Abläufe.

Hilfsmittel für die Überprüfung und gegebenenfalls Verbesserung der Prozesse:

- Benchmarking
- Balanced Scorecard

5.4.3.1 Benchmarking

„Wenn du den Feind kennst und dich selbst,
musst du auch hundert Schlachten nicht fürchten.

Wenn du dich selbst kennst, aber den Feind nicht,
wirst du für jeden Sieg auch eine Niederlage einstecken.

Wenn du weder den Feind kennst noch dich selbst,
wirst du in jeder Schlacht unterliegen."

(SUN TZU: Die Kunst des Krieges, China 500 v. Chr.)

DEFINITION BENCHMARKING

benchmarking (engl.) = Leistungsvergleich

Benchmarking ist ein kontinuierliches Instrument der Wettbewerbsanalyse, mit dessen Hilfe die Marktposition sowie Produkte, Dienstleistungen und Prozesse eines Unternehmens analysiert, kontrolliert und verbessert werden sollen.

Benchmarking heißt, von als vorbildlich aufgefassten Unternehmen zu lernen, wie bestimmte Bereiche, Tätigkeiten und Abläufe im eigenen Unternehmen besser, konsequenter, erfolgreicher, effizienter und vor allem bewusster im Hinblick auf Kosten und Nutzen zu gestalten ist.

→ **Lernen vom Branchenprimus (vom Besten)** durch Vergleich des eigenen Unternehmens mit diesem.

Welches Ziel hat das Benchmarking?

Benchmarking dient

1. dem Aufdecken der Unterschiede zu anderen Unternehmen, um Verbesserungsmöglichkeiten abzuleiten.
2. der Gewinnung von Informationen für die Planung der künftigen Betriebsentwicklung, um langfristig erfolgreich sein zu können.
3. der Kontrolle und Überwachung der betrieblichen Prozesse.

Hinweis:

Es geht um das Lernen von den Besten, dem professionellen Vergleichen und Abkupfern von den Besten („**Copy with pride**"). Denn es hat sich schon immer bewährt, sich am Erfolg anderer zu orientieren, wenn man an die Spitze will.

> **BEACHTE**
>
> Ausschlaggebend ist, dass für jeden angestrebten Vergleich derjenige Konkurrent herangezogen wird, der sich durch die Best Practice auszeichnet bzw. Best in Class, also führend auf diesem Gebiet ist.

 In welchen Schritten erfolgt der Benchmarking-Prozess?

Der Benchmarking-Prozess umfasst folgende Schritte:

1. **Bildung einer Projektgruppe**	**Bildung einer Projektgruppe** zur Planung und Durchführung des Benchmarkings
2. **Auswahl des zu vergleichenden Objektes**	**Festlegung des Benchmarkingobjektes** Fragestellung: Welches Produkt, welche Methode, welcher Prozess soll analysiert und verglichen werden?
3. **Festlegen der Vergleichswerte und Auswahl des Vergleichsunternehmens**	■ **Bestimmung der Messgrößen/ Bezugswerte auswählen** Hierbei geht es um einen Bezugswert (wie Kennzahlen und/ oder Leistungsindikatoren), nach dem die eigene Aktivität, die eigene Funktion oder das eigene Verfahren beurteilt bzw. verglichen wird. ■ **Auswahl eines oder mehrerer „Best-in-Class" als Benchmarking-Partner/ Best-Practice-Unternehmen**

		Fragestellung:
		Mit wem vergleichen wir uns?
		Hinweis:
		Voraussetzung für den Vergleich ist eine gewisse Ähnlichkeit zwischen den Vergleichsobjekten, sowie den festgelegten Bezugswerten (oder den Vergleichsprozessen), denn es sollen nicht Äpfel mit Birnen verglichen werden.
		→ Überprüfen der Vergleichbarkeit
4.	**Informationssammlung/ Datenerhebung**	■ **Erhebung & Validierung der Daten** ■ **Datengewinnung über Sekundärinformationen oder Primärinformationen** **Beachte:** Die erhobenen Daten haben einen unmittelbaren Einfluss auf die Aussagekraft und die Gesamtheit der Ergebnisse des Benchmarkings und müssen daher sorgfältig ausgewählt werden, um als Vorgabe zu dienen.
5.	**Feststellung der Leistungslücken und ihrer Ursachen**	Es müssen die **Leistungslücken identifiziert und die Ursachen für diese herausgefunden werden.** Fragestellungen: Wo liegen die Leistungslücken? Warum bestehen Leistungslücken?
		Hinweise: ■ Bestehende Leistungslücken und kritische Erfolgsfaktoren sollen durch Kennzahlenvergleich und qualitative Untersuchungen identifiziert und geschlossen werden. ■ Die Auseinandersetzung mit den eigenen Praktiken führt zu Lernerfahrungen, zur Identifizierung von Verbesserungspotenzialen und zur Verbesserung des Problemlöseverhaltens.
6.	**Ergebnisse umsetzen**	**Planung und Realisierung der Umsetzung der Maßnahmen** ■ Entwickeln der eigenen Best Practice ■ Implementierung, d.h. Umsetzung des besten Vorgehens, der besten Methode. ■ Benchlearning, d.h. Optimierung von Benchmarkingprozessen. Fragestellungen: Was ist zu tun? Wie sind die gesteckten Ziele zu erreichen? Wie setzen wir die gewonnenen Erkenntnisse in unserem Unternehmen um?

? **Welche beiden Arten des Benchmarkings werden unterschieden?**

Internes Benchmarking	Externes Benchmarking
= **Vergleich zwischen einzelnen „Teilbereichen" des eigenen Unternehmens**	= **Vergleich zwischen unterschiedlichen Unternehmen**
Internes Benchmarking wird mit **internen Vergleichspartnern** durchgeführt, wie zwischen ■ Unternehmen und Niederlassung, ■ eigenen Abteilungen, Teams oder ■ einzelnen Mitarbeitern.	Das externe Benchmarking ist der **Vergleich der eigenen Standards** (wie Prozesse, Funktionen oder Verfahren) **mit denen eines anderen Unternehmens**, um Verbesserungen zu erreichen.
Es geht um den Vergleich der Schlüsselfaktoren ähnlicher und/oder gleichartiger Tätigkeiten oder Funktionen innerhalb eines Unternehmens. Das interne Benchmarking ist eine Art **Qualitätsmanagement**, eine **interne Auswertung und Überprüfung der eigenen Standards.**	Hierbei wird unterschieden zwischen **zwei Arten des externen Benchmarkings:** 1. **Branchenbezogenes externes Benchmarking,** d.h. Vergleich und Analyse von Produkten, Leistungen und Abläufen etc. mit **direkten Wettbewerbern.** 2. **Branchenübergreifendes externes Benchmarking,** d.h. Vergleich und Analyse von Arbeitsabläufen, Prozessen und Funktionen etc. mit Unternehmen, die <u>nicht</u> **unmittelbar im Wettbewerb** stehen. Die Grundidee des branchenübergreifenden Benchmarkings ist, dass gleichartige Arbeitsprozesse und Vorgänge auch branchenunabhängig auf andere Unternehmen übertragen werden können. <u>Bsp.:</u> Ein Computerhersteller benchmarkt sich mit Porsche, McDonalds, Disneyland oder Amazon

 Welche Vor- und Nachteile haben das interne und das externe Benchmarking?

Im Folgenden werden die Vor- und Nachteile des internen, des externen branchenbezogenen und des externen branchenübergreifenden Benchmarkings erläutert.

	Vorteile	Nachteile
Internes Benchmarking	■ Interne Informationen und Kennzahlen müssen nicht an andere Unternehmen preisgegeben werden, ■ gute Zugänglichkeit der Daten, Verfügbarkeit der Informationen, ■ Möglichkeit, Verständnis und Akzeptanz der Mitarbeiter zu steigern sowie Erfahrung für künftige Benchmarkingprojekte mit externen Vergleichspartnern zu sammeln, ■ transparente Auswertung, ■ permanente Leistungsübersicht, ■ Mitarbeiter werden in den Selbstverbesserungsablauf miteinbezogen, ■ die betriebsbesten Geschäftseinheiten werden als Vorbild hervorgehoben, was motivierend ist, ■ es muss kein passender externer Benchmarking-Partner gefunden werden, ■ ein „Kulturschock" wird vermieden.	■ Nur interne Sicht, ■ kein Austausch mit externen Prozessen und Verfahren, sodass das Innovationspotenzial begrenzt ist, ■ der Leistungs- und Kennzahlengedanke steht im Vordergrund, ■ der Leistungsdruck auf die Mitarbeiter nimmt zu, ■ die Aktivitäten des Wettbewerbs fließen nicht ein.
Externes brancheninternes Benchmarking	■ Möglichkeit, Betriebsinhalte einem direkten Vergleich zu unterziehen, ■ externe Referenz, ■ Bestimmung der derzeitigen Position im Wettbewerb, ■ hohe Wirksamkeit, ■ transparente Auswertung, ■ Erweiterung eines nur auf das eigene Unternehmen ausgerichteten Blickwinkels, ■ schnelles Lernen und Erkennen von der besten Praxis.	■ Eine eigene Organisation ist für den Datenaustausch erforderlich, ■ der Wettbewerber hat erweiterte Informationen, ■ Übertragbarkeit der Ergebnisse ist teilweise schwierig, da nicht jede Vorgehensweise zu jedem Unternehmen bzw. zu jeder Unternehmenskultur passt, ■ der Leistungsdruck auf die Mitarbeiter nimmt zu, ■ aufwändig.
Externes branchenübergreifendes Benchmarking	■ Vielseitige Vergleichsmöglichkeiten, ■ anders geartete Ideen kommen hinzu, ■ Erweiterung eines nur auf das eigene Unternehmen ausgerichteten Blickwinkels.	■ Suche und Austausch ist aufwändig, ■ Übertragbarkeit der Ergebnisse ist teilweise schwierig.

Kennzahlen Kunden bzw. Vertrieb	■ Closing Rate (= Angebotserfolgsquote/ Abschlussquote, d.h., das Verhältnis von Anrufen zu Aufträgen oder Angeboten zu Aufträgen oder Kundenzahl zu Bestellungen oder Anzahl von angebotenen zu erhaltenen Projekten) ■ Akquisekosten pro Kunde ■ Anzahl Neukundengewinnung ■ Produkte pro Kunde ■ Kundenzufriedenheit ■ Betreuungsquote ■ Durchschnittsumsatz pro Kunde ■ Besuchshäufigkeit ■ Storno-Quote
Kennzahlen finanzielle Perspektive	■ Umsatz ■ Kosten ■ Gewinn ■ Wachstum ■ Rentabilität ■ Wertschöpfung pro Mitarbeiter
Kennzahlen Produkt	■ Kosten ■ Qualität ■ Funktionen ■ Produktgestaltung ■ Produkteigenschaften
Kennzahlen Mitarbeiter	■ Anzahl Mitarbeiter ■ Anzahl Eintritte und Austritte ■ Fehlzeiten-, Krankheitsausfall- und Fluktuationsquote ■ Quoten nach Alter, Geschlecht, Bereiche, Ausländeranteil ■ Weiterbildungskosten pro Mitarbeiter
Kennzahlen Mitarbeiterleistung	■ Arbeitsproduktivität ■ Auftragserledigung ■ Termineinhaltung ■ Reklamationsquote ■ Leistungsquote ■ Fehlerquote ■ Überstunden

Kennzahlen Prozesse	■ Abläufe
	■ Kosten
	■ Qualität
	■ Durchlaufzeiten
	■ Liegezeiten
	■ Rüstzeiten
	■ Einarbeitungszeiten
	■ Bearbeitungszeit

5.4.3.2 Balanced Scorecard

Die Balanced Scorecard geht auf Arbeiten von Robert S. Kaplan und David P. Norton Anfang der 1990er Jahre an der Harvard-Universität zurück.

DEFINITION BALANCED SCORECARD BSC

Balanced Scorecard (engl.) = ausgewogene Bewertungskarte

Die Balanced Scorecard ist ein Instrument zur erfolgreichen Umsetzung von Unternehmensstrategien.

Die BSC bietet eine Zusammenstellung der strategischen und besonders wichtigen Ziele eines Unternehmens sowie der damit verknüpften messbaren Kennzahlen.

Das **Ziel des Kennzahlensystems der Balanced Scorecard** (BSC) ist es, die Umsetzung strategischer Ziele auf der operativen Ebene mittels Kennzahlen zu überwachen und eine Fokussierung der Unternehmensstrategie unter Einbeziehung aller Ressourcen sicherzustellen.

Welche vier Perspektiven der Balanced Scorecard werden unterschieden?

Die Balanced Scorecard bildet die strategischen Ziele des Unternehmens in folgenden vier Perspektiven ab:

1. **Finanzperspektive**
   Die Finanzperspektive beinhaltet die langfristigen Ziele des Unternehmens hinsichtlich der Erwartungen der Kapitalgeber.
   Die finanzielle Perspektive zeigt, ob die Verfolgung einer Strategie zur Verbesserung des Unternehmensergebnisses beiträgt.

→ Fragestellung:
Mit welcher Strategie erreichen wir unsere finanziellen Ziele?

→ Kennzahlen:
Umsatz, Gewinn, Eigenkapitalrendite, ROI, Cash-Flow, Unternehmenswert

2. **Kundenperspektive**
Mit der Kundenperspektive werden Zielmärkte bzw. -kunden beschrieben und strategische Ziele festgelegt.

→ Fragestellung:
Wie sollen wir gegenüber unseren Kunden auftreten, um unsere Vision zu verwirklichen?

→ Kennzahlen:
Kundenzufriedenheit, Kundenbindung/Kundentreue, Unternehmensimage, Anzahl Kundenreklamationen

3. **Prozessperspektive**
Die Prozessperspektive beleuchtet die internen Geschäftsabläufe, die für die Erreichung der Finanz- und der Kundenperspektive relevant sind.

→ Fragestellung:
Welche Geschäftsprozesse/internen Abläufe müssen wir optimieren oder entwickeln, um unsere Ziele zu erreichen?

→ Kennzahlen:
Qualität, Prozesszeiten und -kosten, Ausschuss, Produktivität, Durchlaufzeit, Termintreue, Bearbeitungszeit von Anfragen, Bearbeitungszeit von Bewerbungen, Beschwerdequote, Fehlerquote

4. **Lern- und Entwicklungsperspektive**
Die Lern- und Entwicklungsperspektive dient dazu, die Voraussetzungen für die Weiterentwicklung des Unternehmens abzubilden.

→ Fragestellungen:
Was können wir tun, um ein Klima für Wandel, Innovationen und personelle Entwicklung zu schaffen und zu fördern, um aktuellen und zukünftigen Herausforderungen gewachsen zu sein und unsere Vision zu verwirklichen?
Welche Lern- und Entwicklungsprozesse werden benötigt, um die Ziele der drei anderen Zielfelder zu erreichen?

→ Kennzahlen:
Mitarbeiterqualifikation, Mitarbeiterpotenziale, Betriebsklima, Krankenstand, Mitarbeiterzufriedenheitsindex, Mitarbeiterfluktuationsrate, Mitarbeiterproduktivitätsquote, F&E-Kosten, Schulungsquote, Anzahl Fortbildungstage pro Mitarbeiter, Summe der Fortbildungsveranstaltungen, Anzahl (realisierter) Verbesserungsvorschläge, Anwendungsfreundlichkeit des Informationssystems, Steigerung von Stellenbewerbungen aus dem Bekanntenkreis der Mitarbeiter, Kündigungsquote bei in den letzten 5 Jahren eingestellten Mitarbeitern, Bereitschaft zu unbezahlten Überstunden, Innovationsquote

Hinweis:

Welche Sichten im Unternehmen relevant sind, ist individuell verschieden und abhängig von der Strategie, der Branche u.a.

Anhang

Literaturhinweise

Berendes, Kai: Strategische Personalplanung: Die Zukunft heute gestalten, Verlag für neue Wissenschaft GmbH, 1. Auflage, Bremerhaven 2011

Dickemann-Weber, Birgit: Industriemeister (IHK) - Lehrbuch Zusammenarbeit im Betrieb, Dickemann-Weber GmbH & Co. KG, 7. Auflage, Erlenbach b. Kandel 2020

Dickemann-Weber, Birgit: Personalfachkaufleute (IHK) - Frage-Antwort-Karten-Paket Handlungsbereiche 1 bis 4, Dickemann-Weber GmbH & Co. KG, neueste Auflage, Erlenbach b. Kandel 2020

Dickemann-Weber, Birgit: Personalfachkaufleute (IHK) - Frage-Antwort-Karten Handlungsbereich 1 - Personalarbeit organisieren und durchführen, Dickemann-Weber GmbH & Co. KG, 8. Auflage, Erlenbach b. Kandel 2020

Dickemann-Weber, Birgit: Personalfachkaufleute (IHK) - Frage-Antwort-Karten Handlungsbereich 2 - Personalarbeit auf Grundlage rechtlicher Bestimmungen durchführen, Dickemann-Weber GmbH & Co. KG, 9. Auflage, Erlenbach b. Kandel 2020

Dickemann-Weber, Birgit: Personalfachkaufleute (IHK) - Frage-Antwort-Karten Handlungsbereich 3 - Personalplanung, -marketing und -controlling gestalten und umsetzen, Dickemann-Weber GmbH & Co. KG, 8. Auflage, Erlenbach b. Kandel 2020

Dickemann-Weber, Birgit: Personalfachkaufleute (IHK) - Frage-Antwort-Karten Handlungsbereich 4 - Personal- und Organisationsentwicklung steuern, Dickemann-Weber GmbH & Co. KG, 8. Auflage, Erlenbach b. Kandel 2020

Dickemann-Weber, Birgit: Personalfachkaufleute (IHK) - Lehrbuch Handlungsbereich 1 - Personalarbeit organisieren und durchführen, Dickemann-Weber GmbH & Co. K, 4. Auflage, Erlenbach b. Kandel 2020

Dickemann-Weber, Birgit: Personalfachkaufleute (IHK) - Lehrbuch Handlungsbereich 2 - Personalarbeit auf Grundlage rechtlicher Bestimmungen durchführen, Dickemann-Weber GmbH & Co. KG, 7. Auflage, Erlenbach b. Kandel 2020

Dickemann-Weber, Birgit: Personalfachkaufleute (IHK) - Lehrbuch Handlungsbereich 4 - Personal- und Organisationsentwicklung, Dickemann-Weber GmbH & Co. KG, 4. Auflage, Erlenbach b. Kandel 2020

Dickemann-Weber, Birgit: Personalfachkaufleute (IHK) - Lehrbuch Komplettpaket Handlungsbereiche 1-4, Dickemann-Weber GmbH & Co. KG, neueste Auflage, Erlenbach b. Kandel 2020

Dickemann-Weber, Birgit: Personalfachkaufleute (IHK) - Lernkarten Handlungsbereich 1 - Personalarbeit organisieren und durchführen, Dickemann-Weber GmbH & Co. KG, 12. Auflage, Erlenbach b. Kandel 2020

Dickemann-Weber, Birgit: Personalfachkaufleute (IHK) - Lernkarten Handlungsbereich 2 - Personalarbeit auf Grundlage rechtlicher Bestimmungen durchführen, Dickemann-Weber GmbH & Co. KG, 16. Auflage, Erlenbach b. Kandel 2020

Dickemann-Weber, Birgit: Personalfachkaufleute (IHK) - Lernkarten Handlungsbereich 3 - Personalplanung, -marketing und -controlling gestalten und umsetzen, Dickemann-Weber GmbH & Co. KG, 12. Auflage, Erlenbach b. Kandel 2020

Dickemann-Weber, Birgit: Personalfachkaufleute (IHK) - Lernkarten Handlungsbereich 4 - Personal- und Organisationsentwicklung steuern, Dickemann-Weber GmbH & Co. KG, 12. Auflage, Erlenbach b. Kandel 2020

Dickemann-Weber, Birgit: Personalfachkaufleute (IHK) - Lernkarten Komplettpaket Handlungsbereiche 1 bis 4, Dickemann-Weber GmbH & Co. KG, neueste Auflage, Erlenbach b. Kandel 2020

Felser, Georg: Personalmarketing: Praxis der Personalpsychologie Band 21; Hogrefe-Verlag, 1. Auflage, Göttingen 2009

Gabler Verlag (Herausgeber), Gabler Wirtschaftslexikon, online im Internet, http://wirtschaftslexikon.gabler.de

Hagen, Alexander: Personalmarketing: Rekrutierung von Nachwuchskräften in deutschen Unternehmen, Europäischer Hochschulverlag, 1. Auflage, Bremen 2011

Holz, Melanie und Da-Cruz, Patrick: Demografischer Wandel in Unternehmen. Herausforderung für die strategische Personalplanung, Gabler Verlag, 1. Auflage, Wiesbaden 2007

Horsch, Jürgen: Personalplanung. Grundlagen, Gestaltungsempfehlungen, Praxisbeispiele, NWB-Verlag, 1. Auflage, Herne/Berlin 2000

Jansen, Thomas: Kompakt-Training Personalcontrolling, Kiehl, 1. Auflage, Ludwigshafen 2008

Klein, Andres: Controlling-Instrumente für modernes Human Resources Management, Haufe-Lexware, 1. Auflage, Freiburg 2012

Lippold, Dirk: Die Personalmarketing-Gleichung: Einführung in das wertorientierte Personalmanagement, Oldenbourg Wissenschaftsverlag, 1. Auflage, München 2011

Lisges, Guido; Schübbe, Fred: Personalcontrolling, Haufe, 1. Aufgabe, Freiburg 2007

Olfert, Klaus: Lexikon Personalwirtschaft, Kiehl, 4. Auflage, Ludwigshafen 2012

Olfert, Klaus: Personalwirtschaft, Kiehl, 14. Auflage, Ludwigshafen 2010

Rahn, Horst-Joachim: Unternehmensführung, Kiehl Friedrich Verlag GmbH & Co.KG, 6. Auflage, Herne 2005

Schulte, Christof: Personal-Controlling mit Kennzahlen, Vahlen 3. Auflage, München 2011

Weber, Dirk; Dickemann-Weber, Birgit: Industriemeister (IHK) - Lehrbuch Betriebswirtschaftliches Handeln - Formelsammlung BWL, Dickemann-Weber GmbH & Co. KG, 11. Auflage, Erlenbach b. Kandel 2020

www.duden.de

www.wikipedia.de bzw. www.wikipedia.org

Abkürzungsverzeichnis

AAZ	Arbeitsablauf-Zeitanalyse
Abb.	Abbildung
ABM	Arbeitsbeschaffungsmaßnahmen
Abs.	Absatz
AC	Assessment Center
AEUV	AEU-Vertrag, Vertrag über die Arbeitsweise der europäischen Union
AEVO	Ausbilder-Eignungsverordnung
Art.	Artikel
BDSG	Bundesdatenschutzgesetz
BDSG-neu	Bundesdatenschutzgesetz neue Fassung - Stand Mai 2018
BetrVG	Betriebsverfassungsgesetz
BIP	Bruttoinlandsprodukt
BSC	Balanced Scorecard
Bsp.	Beispiel/Beispiele
BVW	Betriebliches Vorschlagswesen
bzw.	beziehungsweise
ca.	circa
d.h.	das heißt
Def.	Definition
DIHK	Deutscher Industrie- und Handelskammertag
DSGVO	Datenschutzgrundverordnung
EDV	elektronische Datenverarbeitung
EGV	EG-Vertrag, Vertrag zur Gründung der Europäischen Gemeinschaft
engl.	englisch
ESZB	Europäische System der Zentralbanken
etc.	et cetera
EU	Europäische Union
evtl.	eventuell
EWWU	Europäische Wirtschafts- und Währungsunion
EZB	Europäische Zentralbank
Forts.	Fortsetzung
F&E	Forschung & Entwicklung
GG	Grundgesetz
ggf.	gegebenenfalls
GmbH	Gesellschaft mit beschränkter Haftung
HWK	Handwerkskammer
i.d.R.	in der Regel
IHK	Industrie– und Handelskammer

IT	Informationstechnik
KVP	Kontinuierlicher Verbesserungsprozess
lat.	lateinisch
lfd.	laufende
MA	Mitarbeiter
MTM	Methods Time Measurement
Nr.	Nummer
PC	Personal Computer
PE	Personalentwicklung
PIS	Personalinformationssystem
REFA	"Reichsausschuss für Arbeitszeitermittlung; heute: Verband für Arbeitszeitgestaltung, Betriebsorganisation und Unternehmensentwicklung
ROI	Return on Investment
S.	Satz
SGB III	Sozialgesetzbuch Drittes Buch - Arbeitsförderung
sog.	sogenannt, sogenannte, sogenannter
s.u.	siehe unten
TQM	Total Quality Management
u.a.	unter anderem/ und andere
UrhG	Urheberrechtsgesetz
usw.	und so weiter
v.a.	vor allem
z.B.	zum Beispiel

Stichwortverzeichnis

A

Abbauinstrumente 122
Abbaumaßnahmen
  direkte 121
  indirekte 121
Ablauf einer Einstellung 118, 119
Abschwung 18
Akquirierungsfunktion 59
Akquisitionsfunktion 59
aktive Arbeitsmarktpolitik 40
Aktivitätscontrolling 147
Analogie-Schlussmethode 101
Analysetechniken 68
Anforderungen
  Def. 115
Anforderungsarten
  Genfer Schema 115
  REFA 116
Anforderungsprofil 53, 117
  Beispiel 116
  Def. 114
  Erstellung 115
angebotsorientierte Fiskalpolitik 35
angebotsorientierte Wirtschaftspolitik 35, 40
Angebotspolitik
  Mittel 36
angemessenes Wirtschaftswachstum 28
Ankurbelung der Konjunktur 21
antizyklische Fiskalpolitik 35
Arbeit
  Bedeutung 38
  dispositive 84
  operative 85
Arbeitgeberattraktivität 59
Arbeitgeberimage 57, 59
Arbeitsablauf-Zeitanalyse 106
Arbeitsleistung 86
  Bestimmungsfaktoren 85
  menschliche 84
  objektive und subjektive Faktoren 87
  Steigerung 79
Arbeitslosenquote 26
Arbeitslosigkeit
  Arten 39
  Bekämpfung 40
  gesellschaftliche Folgen 41
  individuelle Folgen 40
  Senkung 40
Arbeitsmarktpolitik 36, 37
  aktive 40
  passive 40
Arbeitsplatzbewertung 114
Arbeitsteilung
  internationale 64
Arbeitsvolumenquote 159
arbeitswissenschaftliche Methoden 105
Arbeitszeitgestaltung 121
Arten des Personalbedarfs 111
Assessment Center 93
  Bereiche 93
  typische Übungen 94
  Vor- und Nachteile 94
  Ziele 93
Aufgaben des Personalmarketings 61
Aufschwung 17
Außenbeitragsquote 27
außenwirtschaftliches Gleichgewicht 27, 28
äußere Leistungsfaktoren 87

B

Balanced Scorecard
  Def. 171
  Finanzperspektive 171
  Kundenperspektive 172
  Lern- und Entwicklungsperspektive 172
  Perspektiven 171
  Prozessperspektive 172
  Sichten 172
Bedeutung der Arbeit 38
Benchlearning 167
Benchmarking 72
  branchenbezogenes 168
  branchenübergreifendes 168
  Def. 165
  externes 168
  internes 168
  Kennzahlen 170
  Ziel 166
Benchmarking-Prozess 166
Berechnungsformeln 105
Beschaffungskosten pro Eintritt 159
Beschäftigungspolitik 37
  Hauptziel 38
  Träger 38
Beschäftigungsrate 19
Beschäftigungsstand
  hoher 26
Beschäftigungsstruktur 159
Beschreibungskriterien einer Kennzahl 155
Bestandsentwicklung
  Statistiken 113
Bestimmungsfaktoren der Arbeitsleistung 87
Bestimmungsgrößen der Beschäftigung 22
Beteiligungsrechte des Betriebsrats 123
Bewerbungsgespräch 90
Bionik 71

Bleibemotivation 58
Boom 17
Brainstorming 69, 70
Brainwriting 70
branchenbezogenes externes Benchmarking 168
branchenübergreifendes externes Benchmarking 168
Branchenvergleich 72
Break-even-Analyse 69
Break-Even-Point 69
Bruttoinlandsprodukt
    Def. 15

C

Chancen des Personalcontrollings 142
Chancen-Risiken-Analyse 68
Closing Rate 170
crowding-out 37

D

Datenminimierung 150
Definition
    Anforderungen 115
    Anforderungsprofil 114
    Balanced Scorecard 171
    Benchmarking 165
    Bruttoinlandsprodukt 15
    Eignungsprofil 117
    Indikatoren 20
    Kennzahlen 151
    Konjunktur 15
    Konjunkturindikatoren 20
    Konjunkturpolitik 23
    Kurzarbeit 123
    Personalcontrolling 138
    Personalentwicklung 126
    Personalentwicklungsplanung 126
    Personalinformationssystem 149
    Personalkennzahlen 151
    Personalmarketing 55
    Personalplanung 43
    strategische Unternehmensplanung 66
Delphi-Methode 104
Depression 18
Determinanten der Personalplanung 22
differenzierte Kennzahlen 102
differenzierte Kennzahlenmethode
    Beispiel 102
direkte Abbaumaßnahmen 121
dispositive Arbeit 84
dispositive Faktoren 84
dispositive Tätigkeiten 84
DSGVO 150

E

Eignung eines Mitarbeiters 118
Eignungsprofil 53, 117
    Def. 117
einfache Schätzmethode 103, 104
Einflussgrößen der Personalplanung 22
Einführung von Kurzarbeit 124
Einkommensverteilung
    gerechte 29
Einsatzbedarf 111
Einstellung
    Ablauf 118, 119
Einstellungseffizienz 158
Einstellungsgespräch
    Ablauf 91
Entscheidung
    personalwirtschaftliche 141
Entwicklungsplanung 130
Ereignisdaten 154
Erfahrung der Mitarbeiter 79
Erfolgscontrolling 148
Erhebungsgrundsätze für Kennzahlen 142
Ermittlung des Nettopersonalbedarfes 109
Ermittlung des Nettopersonalbestands
    Berechnungsschema 110
Ersatzbedarf 112
Europäische Zentralbank 32
    Ziel 33
Expansion 17
Expertenbefragung 104
Expertenkarriere 134
externes Benchmarking 168
    Vor- und Nachteile 169
externes Personalmarketing 55
    Ziele 58

F

Fachlaufbahn 134
    Kennzeichen 134
    Nachteile 134
    Probleme 134
    Ziele 134
Fallstudie 95
Fazilitätenpolitik 32
Fehlzeitenquote 158
Finanzperspektive 171
Fiskalpolitik 34, 36
    nachfrage- und angebotsorientiert 34, 35
    Ziele 34
fiskalpolitische Instrumente 34
Fluktuationsrate 157
Freistellungsbedarf 113
friktionale Arbeitslosigkeit 39
Führungslaufbahn 133

G

Geldpolitik 32, 36
  Träger 32
geldpolitische Instrumente 32
Geldwertstabilität 26
generelle Zielplanung 66
Genfer Schema 115
gerechte Einkommensverteilung 29
Gewinnschwellenanalyse 69
Gleichgewicht
  außenwirtschaftliches 27, 28
globale Kennzahlen 101
globale Kennzahlenmethode
  Beispiel 102
Grundsätze der Personalentwicklungsplanung 130
Gruppendiskussion 94

H

Hochkonjunktur 17
Höhe des Kurzarbeitergeldes 124
hoher Beschäftigungsstand 26
humanitäre Ziele 80

I

indifferente Ziele 31
Indikatoren
  Def. 20
indirekte Abbaumaßnahmen 121
indirekte Maßnahmen 121
Inflationsrate 26
innere Leistungsfaktoren 87
Instrumente
  fiskalpolitische 34
  geldpolitische 32
Instrumente der Personalplanung 52
Instrumente der Unternehmensplanung 67
internationale Arbeitsteilung 64
internationaler Aspekte des Personalmarketings 62
internationales Personalmarketing
  Besonderheiten 62
  Instrumente 63
internes Benchmarking 168
  Vor- und Nachteile 169
internes Personalmarketing 55
  Ziele 58
Interview 95

K

Karriereplanung 131
Karriere- und Laufbahnplanung
  Ziele 131
Kenngrößen 56
Kennzahlen

Beschreibungskriterien 155
  Def. 151
  differenzierte 102
  Erhebungsgrundsätze 142
  globale 101
  mögliche 103
  Überblick 154, 155
Kennzahlenmethode 101
komplementäre Ziele 30
konfliktäre Ziele 30
Konfliktgespräche 95
kongruente Ziele 30
Konjunktur
  Ankurbelung 21, 36, 37
  Def. 15
konjunkturelle Arbeitslosigkeit 39
konjunkturelle Schwankungen 16
Konjunkturindikatoren
  Def. 20
Konjunkturphasen 16, 17
Konjunkturpolitik
  Def. 23
  Instrumente 31
  Träger 31
  Ziele 24, 25
  Zweck 24
Konjunkturschwankungen 16
  Arten 16
Konjunkturverlauf 19
  Auswirkung auf Personalplanung 23
Konjunkturzyklus 17, 19
Konkurrenzanalyse 57
konkurrierende Ziele 30
Kostenarten des Personalbereichs 142
Kostendaten 152
Kosten-Nutzen-Analyse 164
  Kennzahlen 164
  Stadien 164
Kreativität der Mitarbeiter 79
Kreativitätstechniken 68, 69
Krise 18
Kundenperspektive 172
Kurzarbeit
  Def. 123
  Einführung 124
  flankierende Maßnahmen 125
  Vor- und Nachteile 125
Kurzarbeitergeld 123, 124
  Höhe 124
Kurzarbeitergeldanspruch 124
  Dauer 124
  Voraussetzungen 124
kurzfristiger Planungszeitraum 49
Kurzvorträge 95

L

langfristiger Planungszeitraum 50, 51
Laufbahnarten 133
Laufbahnpläne 53
Laufbahnplanung 131, 132
lebenswerte Umwelt 29
Leistung je Arbeitnehmer 160
Leistungsbereitschaft 86
Leistungsdaten 153
Leistungsfähigkeit 86
Leistungsfaktoren
    äußere 87
    innere 87
    objektive 88
    subjektive 88
Leistungsmöglichkeit 86
Leistungsvermögen 86
Lern- und Entwicklungsperspektive 172
Linienkarriere 133
Lohnquote 160

M

magisches Sechseck 29
    Zielbeziehungen 30
magisches Viereck 24, 25, 26
    Zielbeziehungen 30
Maßnahmen
    indirekte 121
Mehrbedarf 112
Mengendaten 152
menschliche Arbeit
    Faktoren 86
menschliche Arbeitsleistung 84
Methods Time Measurement 106
Minderbedarf 112
Mindestreservepolitik 32
Mitarbeiter
    Eignung 118
    Leistungsfähigkeit 80
Mitarbeiterbefragung 56
Mitarbeiterbindung 58
mittelfristiger Planungszeitraum 50
mögliche Kennzahlen 103
morphologischer Kasten 70
Motivationsfunktion 59
MTM-Analyse 106
    Vor- und Nachteile 107

N

Nachfolgepläne 53
Nachfolgeplanung 131, 132
    systematische 135
nachfrageorientierte Fiskalpolitik 35
nachfrageorientierte Wirtschaftspolitik 35

Nachfragepolitik
    Mittel 36
Nachholbedarf 112
Nettopersonalbedarf
    Ermittlung 109
Nettopersonalbestand
    Berechnungsschema 110
Netzplantechnik 71
Neubedarf 112
neutrale Ziele 31
nominales Wirtschaftswachstum 28
Notenbank 32
Nutzenanalysen 161, 164

O

objektive Leistungsfaktoren 88
Offenmarktgeschäfte 33
Offenmarktpolitik 33
    Ziele 33
operative Arbeit 85
operative Faktoren 85
operative Personalplanung 49
operative Planung 67
operatives Personalcontrolling 139
operative Tätigkeiten 85
operative Unternehmensplanung 67
Organisationsaufgabe 95
örtliche Personalbedarfsbestimmung 97

P

passive Arbeitsmarktpolitik 40
Personalabbaumaßnahmen
    Beteiligungsrechte des Betriebsrats 123
Personalabbauplanung 44, 46, 120
Personalabgänge 111
Personalakte
    Inhalte 54
Personalakten 54
Personalanpassungsplanung 43, 46, 120
Personalarbeit
    Flexibilisierung 78, 79
Personalaustritt 122
Personalbedarf
    Arten 111
    qualitativer 89
    quantitativer 95
    temporärer 98
    zeitlicher 98
Personalbedarfsberechnung
    Methoden für die Produktion 108
    Methoden für die Verwaltung 108
    vergangenheitsorientierte Methoden 100
Personalbedarfsbestimmung 109, 110
    qualitative 89, 90
    quantitative 96

räumliche 97
temporäre 98
zeitliche 98
Personalbedarfsplanung 43, 44, 89, 96, 97, 130
   qualitative 89
   quantitative 96
   räumliche 97
Personalbereich
   Kostenarten 142
Personalbeschaffungsplanung 43, 45
   Fragen 120
Personalbestand
   Ermittlung 109
   Prognose 113
   Reduzierung 121
Personalcontrolling 141
   Analysemöglichkeiten 161
   Aufgaben 144
   Aufgabenfelder 144
   Berechnung von Kennzahlen 142
   Chancen 142
   Daten 161
   Def. 138
   operatives 139
   qualitatives 140
   quantitatives 140
   Regelkreis 145
   Risiken 143
   Schlüsselfragen 141
   strategisches 139
   Ziele 138
Personaleinsatzplanung 43, 46
Personalentwicklung
   Def. 126
Personalentwicklungsplanung 43, 46, 126
   Grundsätze 130
   Nutzen 127
   typische Phasen 127, 128, 129
   Ziele 126
Personalfreisetzungsplanung 46
Personalinformationssystem
   Aufgaben 149
   Betriebsrat 150
   Datenschutz 150
   Def. 149
   Kennzahlen 151
   Nachteile 150
   Vorteile 149
Personalkennzahlen
   Berechnung 142
   Beschreibungskriterien 155
   Def. 151
   Formel 157
   Überblick 154, 155
Personalkontrolle 138
Personalkosten
   Senkung 78, 79

Personalkostenplanung 44, 47
Personalmarketing
   Aufgaben 61
   Def. 55
   Funktionen 59
   Informationsgrundlagen 55
   internationale Aspekte 62
   internes und externes 55
   Ziele 57
Personalplanung
   Aufgaben 43
   Def. 43
   externe Daten 52
   Informationen 51
   Instrumente 52
   interne Daten 52
   operative 49
   strategische 50, 73, 74
   taktische 50
   Teilbereiche 44
   Zeiträume 49
   Ziel 47, 48
Personalstrategie
   Beispiel 75, 76, 77
Personalüberhang
   Ursachen 122
personalwirtschaftliche Entscheidung 141
personalwirtschaftliche Ziele 78, 80
Personalzugänge 111
Planung
   operative 67
   strategische 66
Planungscontrolling 146
Planungstechniken 68
Planungszeitraum
   kurzfristiger 49
   langfristiger 50, 51
   mittelfristiger 50
Portfolio-Analyse 68
Postkorbübungen 94
Präsentation 94
Preis(niveau)stabilität 26, 27
primäre Träger 31
Problemlösungstechniken 68, 69
Produktlebenszyklus 69
Profilierungsfunktion 59
Prognose des Personalbestandes 113
progressive Abstraktion 71
Projektlaufbahn 134, 135
   Kennzeichen 135
   Vorteile 135
Prozessperspektive 172

Q

qualitative Daten 153
qualitative Personalbedarfsbestimmung 89, 90

qualitatives Personalcontrolling 140
qualitatives Wachstum 15
quantitative Personalbedarfsbestimmung 96
quantitativer Personalbedarf 95
quantitatives Personalcontrolling 140
quantitatives Wachstum 15

R

räumliche Personalbedarfsbestimmung 97
räumlicher Personalbedarf 96
reales Wirtschaftswachstum 28
Recycling 29
Reduzierung des Personalbestandes 121
REFA-Methode 105, 106
Regelkreis des Personalcontrollings 145
Reservebedarf 111
Rezession 18, 20, 21
Risiken des Personalcontrollings 143
Rollenspiele 95

S

saisonale Arbeitslosigkeit 39
saisonale Schwankungen 16
Schätzmethode 103, 110
    einfache 103, 104
    systematische 104
Schlüsselfragen des Personalcontrollings 141
Sechseck
    magisches 29
sekundäre Träger 31
Selbstpräsentation 94
Senkung der Arbeitslosigkeit 40
Senkung der Personalkosten 79
Spezialistenlaufbahn 134
staatliche Wirtschaftspolitik
    Ziele 24
Stabilisierungspolitik 24
Stärken-Schwächen-Analyse 68
Statistiken 56
Stellenbeschreibung 53
Stellenbesetzungsplan 53
Stellenplan 53
Stellenplanmethode 107
    Vorgehen 107, 108
stetiges Wirtschaftswachstum 28
Steuerpolitik 36
strategische Personalplanung 50, 51, 73, 74
strategische Planung 66
strategisches Personalcontrolling 139
strategische Unternehmensplanung 73, 74
    Def. 66
    Instrumente 67
    Ziele 67
Strukturdaten 151, 152
strukturelle Arbeitslosigkeit 39

strukturelle Schwankungen 16
subjektive Leistungsfaktoren 88
systematische Nachfolgeplanung 135
systematische Schätzmethode 104

T

taktische Personalplanung 50
Tätigkeiten
    dispositive 84
    operative 85
Teilbereiche der Personalplanung 44
temporäre Personalbedarfsbestimmung 98
temporärer Personalbedarf 98
Tiefphase 18
time lags 37
Träger
    primäre 31
    sekundäre 31
Träger der Geldpolitik 32
Träger der Konjunkturpolitik 31
Trendanalogie 101
Trend-Exploration 100
Trendextrapolation 100

U

Umfragetechniken 67
Umweltschutz 29
Unternehmensattraktivität 58
Unternehmensplanung
    Ebenen 66
    Instrumente 67
    operative 67
    strategische 66, 67, 73, 74
    Ziele 67
Unternehmensstrategie 73
    Beispiel 75, 76, 77

V

vergangenheitsorientierte Methoden der Personal-
bedarfsberechnung 100
Vergleichstechniken 67
Verhaltensdaten 154
Viereck
    magisches 24, 25, 26
Vollbeschäftigung 26
Vorgangsanalysen 162, 165
Vorstellungsgespräch 90
    Ablauf 91, 92
    Vor- und Nachteile 92
Vorstellungsquote 158
Vorträge 95

W

Wachstum
    qualitatives 15
    quantitatives 15
Wahl der Abbauinstrumente 122
Warenkorb 26
Weiterbildungsaufwand pro Mitarbeiter 158
Wertschöpfungsanalyse 69
W-Fragen des Personalcontrollings 141
Wirtschaftspolitik
    angebotsorientiert 35, 40
    nachfrageorientiert 35
    staatliche 24
Wirtschaftsschwankungen 16
Wirtschaftswachstum
    angemessenes und stetiges 28
    nominales 28
    reales 28

Z

zeitliche Personalbedarfsbestimmung 98
zeitlicher Personalbedarf 98
Zielbeziehungen 30
Zielcontrolling 145
Ziele
    personalwirtschaftliche 78
Ziele der Personalplanung 48
Zielplanung
    generelle 66
Zinspolitik 32
Zusatzbedarf 112
Zustandsanalysen 161, 162